ANHUISHENG HUANJING ZHILIANG BAOGAOSHU
2011—2015

安徽省环境质量报告书

2011—2015

主编　孙立剑　**副主编**　朱　余　耿天召　王　欢

合肥工业大学出版社

| 编 委 会 |

主编单位　安徽省环境保护厅
承编单位　安徽省环境监测中心站
协助单位　安徽省辐射环境监督站
　　　　　安徽省16个城市环境监测站（中心）
　　　　　巢湖管理局环境保护监测站
主　　编：孙立剑
副 主 编：朱　余　耿天召　王　欢
编写人员：以姓氏笔画为序
　　　　　（安徽省环境监测中心站　安徽省辐射环境监督站）
　　　　　王　莹　王　倩　杜　勤　吴转璋
　　　　　季　冕　陈　超　於国兵　赵旭辉
　　　　　顾先宝　钱贞兵　徐　升　唐　萍
　　　　　韩福敏　董　昊　程　龙

　　　　　（地方环境监测中心/站　以行政区划代码为序）
　　　　　丁　虹　（合肥市环境监测中心站）
　　　　　张　楠　（芜湖市环境监测中心站）
　　　　　王　敏　（蚌埠市环境监测站）
　　　　　张淑芳　（淮南市环境保护监测站）
　　　　　秦　波　（马鞍山市环境监测中心站）
　　　　　张春水　（淮北市环境保护监测站）
　　　　　陈　曜　（铜陵市环境监测中心站）
　　　　　陈　俊　（安庆市环境监测中心站）

吴效东　　（黄山市环境监测站）
叶红梅　　（滁州市环境监测站）
李玉兵　　（阜阳市环境保护监测站）
郭　勇　　（宿州市环境保护监测站）
赵前信　　（六安市环境监测中心站）
邓晓文　　（亳州市环境监测站）
徐晟徽　　（池州市环境保护监测站）
陆孝祥　　（宣城市环境监测中心）
唐晓先　　（巢湖管理局环境保护监测站）

| 前　言 |

　　"十二五"期间,全省环境保护工作紧紧围绕打造创新型"三个强省"、建设美好安徽的目标,牢固树立绿色发展理念,以科学发展观为指导,深入贯彻党的十八大和历次全会精神,大力推进主要污染物总量减排,全面落实《大气污染防治行动计划》和《水污染防治行动计划》,深入开展大气污染防治和水污染防治,着力解决影响可持续发展和危害群众健康的突出环境问题。在全省经济持续增长、城镇化加快推进的大背景下,主要污染物排放总量持续下降,全省环境质量总体保持稳定,局部有所好转,为"十三五"环保工作打下良好基础。

　　为全面分析和总结"十二五"期间安徽省环境质量状况和变化趋势,根据《全国环境质量报告制度》和《环境质量报告书编写技术规范》的要求,安徽省环境保护厅组织编印了《安徽省环境质量报告书(2011—2015)》。综合分析了"十二五"期间安徽省环境质量状况、变化趋势、特征及其成因,提出了主要存在问题及对策建议。

　　本报告书共分为五个部分共二十二章,内容涉及自然、社会、经济、环境空气、地表水、地下水、生态、土壤、农村、电磁辐射等内容,全面、系统、客观地评价了"十二五"期间全省环境质量状况,分析了主要环境问题的污染特征和规律,并指出潜在的环境风险,提出改善环境质量的建议与对策,为"十三五"政府决策提供科学依据。

　　本报告书在编写的过程中,得到了省直有关厅局的大力支持,同时得到了各市环保部门的积极配合,在此表示衷心感谢!

　　由于编制时间紧、任务重,加之编写人员的能力所限,存在的不足之处敬请读者批评指正。

安徽省行政区划图

C 目录
ontents

第三部分　环境质量状况　　　　　>>>046

第一部分　概　述

1

自然环境概况

1.1　地理位置

安徽地处长江、淮河中下游，长江三角洲腹地，居中靠东、沿江通海，东连江苏、浙江，西接湖北、河南，南邻江西，北靠山东，东西宽约 450 千米，南北长约 570 千米，土地面积 13.94 万平方千米，占全国的 1.45%，居第 22 位。地跨长江、淮河、新安江三大流域，世称江淮大地。长江流经安徽境内约 416 千米，淮河流经省内约 430 千米，新安江流经省内 242 千米。长江、淮河横贯东西，将全省分为淮北平原、江淮丘陵、皖南山区三大自然区域。境内巢湖是全国五大淡水湖之一，面积 780 平方千米。

1.2　地形地貌

安徽兼跨中国大陆南北两大板块，又位于欧亚大陆板块与北太平洋板块的衔接之处，南北差异明显，矿产种类较多。地貌类型比较齐全，既有山地、丘陵，又有台地、平原。山地、丘陵、台地、平原面积分别占全省土地总面积的 15.3%、14.0%、13.0%、49.6%（其余 8.1% 为大水面）。长江、淮河横贯安徽东西，形成平原、丘陵、山地相间排列的格局。北部平原坦荡，中间丘陵起伏，黄山、九华山逶迤于南缘，大别山脉雄峙于西部，形成安徽省地势西高东低、南高北低的特点。全省大致可分为 5 个自然区域：①淮北平原。黄淮海平原的一部分，地面由西北向东南略有倾斜，海拔 20～40 米，为全省重要的粮油棉生产基地。②江淮丘陵。地面主要由丘陵、台地和镶嵌其间的河谷平原组成，主要山岭呈东北—西南走向。东部为江、淮水系的分水岭，海拔 100～300 米；西北部略低，河谷平原宽阔。③大别山区。位于本省与鄂、豫两省交界处，为大别山的主体部分，地势险要，有多座海拔 1700 米以上山峰。④沿江平原。长江中下游平原的一部分，包括巢湖流域的湖积平原和长江沿岸的冲积平原，海拔多在 20 米左右，河网密集，土地肥沃。⑤皖南山区。位于安徽省辖长江以南，大部分海拔 200～400 米，山形圆浑、秀气。黄山屹立在该区中部，主峰海拔 1873 米，为省内最高点。

图 1-1 黄山（局部）

1.3 气候

安徽省位于欧亚大陆东部和太平洋西岸，虽属内陆省份，但距海较近，受季风气候影响非常明显。加之处在亚热带向暖温带的过渡区域，气候表现出明显的过渡性。全省大致以淮河为界，北部为暖温带半湿润季风气候，南部为亚热带湿润季风气候。

图 1-2 霜降

全省年平均气温 14～17℃。1 月为最冷月份，平均气温−1～4℃；7 月为最热月份，平均气温 27～29℃。年平均日照时数 1800～2500 小时，太阳辐射总量 110～130 千卡/平方厘米；≥0℃积温 5100～6100℃，≥10℃积温 4600～5300℃，年平均无霜期 200～250 天；降水较丰富，年平均降水量 750～1800 毫米。由于受夏季风和地形影响，地区间降水量差异明显，由南向北递减，山区大于平原区和丘陵区。1000 毫米降雨等值线大致位于霍邱—六安—肥西—巢湖—滁州—天长一线。影响全省的灾害性天气主要是旱、涝灾害，其次是寒潮、连阴雨和干热风等。

1.4 水系

安徽省境内有长江、淮河、新安江三大水系，其中淮河流域面积6.7万平方千米，长江流域面积6.6万平方千米，新安江流域面积为0.65万平方千米。流域面积在100平方千米以上的河流共300余条，总长度约1.5万千米。自北向南依次属淮河、长江、新安江3大水系。淮河干流和长江干流自西向东横穿全省，新安江发源于安徽南部山区。在安徽省境内，淮河干流属中游河段，长江干流属下游河段，新安江属上游河段。大小湖泊有580多个，总面积35万公顷。湖泊主要分布于长江、淮河沿岸，其中长江水系湖泊面积25.3万公顷，占安徽全省湖泊总面积的70%左右；淮河水系湖泊面积9.7万公顷，占安徽全省湖泊总面积的30%左右。

1.5 资源

1.5.1 水资源

安徽省的水文既带有季风气候特征，又受到地貌形态的强烈影响，水量季节和年际变化大，空间差异显著。南部5—8月、北部6—9月的径流量占全年径流量的55%～70%以上，丰水年与枯水年的径流量比值差14～22倍。径流量的年际差异，江南为4～7倍，江淮之间为5～15倍，淮北达14～30倍。洪水年江河常泛滥成灾，枯水年多处河道断流。径流量的地区差异，与降水量的地区差异相一致，皖南和皖西山区，平均年径流深达600～1000毫米，局部达1400毫米以上，淮北则仅200毫米左右。

图1-3 长江

全省多年平均水资源总量 716.17 亿立方米，其中地表水资源总量 652.20 亿立方米，地下水资源总量 191.35 亿立方米。过境水在全省水资源总量中占有重要地位。长江流经安徽境内全程长 416 千米，入境水量 8891.84 亿立方米，出境水量 9171.88 亿立方米，两岸圩区水利设施比较完备，可以开闸放水进入圩内灌溉农田。淮河流经安徽境内全程长 430 千米。入境水量 276.60 亿立方米，出境水量 537.32 亿立方米。枯水年份基本无水可供，洪水年份又超出蓄洪能力，泛滥成灾。由于上游灌溉用水逐年增多，过境水利用率不高。新安江流经安徽境内全程长 240 千米，出境水量 33.01 亿立方米。

1.5.2 生物资源

2015 年，全省森林面积 3958.5 千公顷，活立木总蓄积量 26145.1 万立方米，森林蓄积量 22186.6 万立方米。

图 1-4 平天湖（局部）

全省植物种类丰富，共有木本植物 300 余种，草本植物约 2100 余种，动物约 500 余种，其中国家重点保护动物 54 种，以扬子鳄、白鳍豚最为珍贵。安徽省省树为黄山松，省花为杜鹃花，省鸟为灰喜鹊。

1.5.3 矿产资源

安徽省是矿产资源大省，矿产种类较全，储量丰富。2015 年末，全省已发现的矿种为 160 种（含亚矿种）。查明资源储量的矿种 123 种（含亚矿种），其中能源矿种 6 种，金属矿种 21 种，非金属矿种 94 种，水气矿种 2 种。全年地质勘查部门开展各类地质（科研）项目（省级）411 项。新增查明资源储量的大中型矿产地 17 处，新增探明储量矿种 1 种。安徽省矿产资源的开发利用在国民经济中占有重要地位。开发规模较大的矿产有煤、铁、铜、水泥石灰岩、硫铁矿，已形成能源、建材、冶金、有色、化工五大基础产业，是国家级的材料工业基地和华东的能源供应基地。两淮煤田（淮南、淮北）是中国南方最大的煤炭生产基地。

社会经济概况

2.1 行政区划与人口

2.1.1 行政区划

安徽省共设 16 个地级城市，44 个市辖区，6 个县级市，55 个县。安徽省行政区划见表 2-1。

表 2-1 安徽省行政区划表

城市名称	区、县、县级市	市、县、区名称
合肥市	4 区 4 县，代管 1 县级市	瑶海区、庐阳区、蜀山区、包河区、长丰县、肥东县、肥西县、庐江县、巢湖市
淮北市	3 区 1 县	杜集区、相山区、烈山区、濉溪县
亳州市	1 区 3 县	谯城区、涡阳县、蒙城县、利辛县
宿州市	1 区 4 县	埇桥区、砀山县、萧县、灵璧县、泗县
蚌埠市	4 区 3 县	龙子湖区、蚌山区、禹会区、淮上区、怀远县、五河县、固镇县
阜阳市	3 区 4 县，代管 1 县级市	颍州区、颍东区、颍泉区、临泉县、太和县、阜南县、颍上县、界首市
淮南市	5 区 2 县	大通区、田家庵区、谢家集区、八公山区、潘集区、凤台县、寿县
滁州市	2 区 4 县，代管 2 县级市	琅琊区、南谯区、来安县、全椒县、定远县、凤阳县、天长市、明光市
六安市	3 区 4 县	金安区、裕安区、叶集区、霍邱县、舒城县、金寨县、霍山县

（续表）

城市名称	区、县、县级市	市、县、区名称
马鞍山市	3区3县	花山区、雨山区、博望区、当涂县、含山县、和县
芜湖市	4区4县	镜湖区、弋江区、鸠江区、三山区、芜湖县、繁昌县、南陵县、无为县
宣城市	1区5县，代管1县级市	宣州区、郎溪县、广德县、泾县、旌德县、绩溪县、宁国市
铜陵市	3区1县	铜官山区、郊区、义安区、枞阳县
池州市	1区3县	贵池区、东至县、石台县、青阳县
安庆市	3区6县，代管1县级市	迎江区、大观区、宜秀区、怀宁县、潜山县、太湖县、宿松县、望江县、岳西县、桐城市
黄山市	3区4县	屯溪区、黄山区、徽州区、黟县、歙县、休宁县、祁门县
全省	44区55县6县级市	

2.1.2 人口

2015 年末全省户籍人口 6949.1 万人，比上年增加 13.3 万人；常住人口 6143.6 万人，比上年增加 60.7 万人。城镇化率 50.5%，比上年提高 1.35 个百分点。全年人口出生率 12.92‰，比上年上升 0.06 个千分点；死亡率 5.94‰，上升 0.05 个千分点；自然增长率 6.98‰，上升 0.01 个千分点。

2.2 主要经济指标

"十二五"期间，全省实现了国民经济快速健康稳定发展和社会事业全面进步，地区生产总值逐年递增。

12359.33亿元   22005.60亿元

2010年GDP   2015年GDP

图 2-1 "十二五"期间安徽省地区生产总值变化

2015 年全年地区生产总值（GDP）22005.6 亿元，比上年增长 8.7%。分产业看，第一产业增加值 2456.7 亿元，增长 4.2%；第二产业增加值 11342.3 亿元，增长

8.5%；第三产业增加值 8206.6 亿元，增长 10.6%。三次产业结构由上年的 11.5：53.1：35.4 调整为 11.2：51.5：37.3，其中工业增加值占 GDP 比重为 43.9%。全员劳动生产率 50862 元/人，比上年增加 2303 元/人。人均 GDP35997 元（折合 5779 美元），比上年增加 1572 元。全年民营经济增加值 12647.9 亿元，比上年增长 10.4%，占 GDP 比重由上年的 57.3% 提高到 57.5%。

表 2-2 "十二五"期间安徽省主要经济指标   单位：亿元

指 标	2010 年	2011 年	2012 年	2013 年	2014 年	2015 年
地区生产总值	12359.33	15300.65	17212.05	19229.34	20848.75	22005.6
其中：第一产业	1729.02	2015.31	2178.73	2267.15	2392.39	2456.7
第二产业	6436.62	8309.38	9404.84	10390.04	11077.67	11342.3
第三产业	4193.69	4975.96	5628.48	6572.15	7378.69	8206.6

2.3　能源消耗

"十二五"期间，全省能源消耗呈逐年上升趋势，2015 年，全年能源消费量 1.23 亿吨标准煤，比上年增长 2.67%，比 2011 年增长 16%。单位 GDP 能耗每年均有下降，2015 年比上年下降 5.58%。

2.4　民用汽车拥有量

"十二五"期间，全省民用汽车拥有量迅速增加，由 2011 年的 289 万辆增加到了 2015 年的 512.8 万辆。机动车尾气排放所造成的空气污染已越来越明显。

③ 环境保护工作概况

"十二五"期间，安徽省积极贯彻落实环保规划，大力推进污染减排，切实加强环境监管，全面推动污染防治，着力解决危害群众健康的突出环境问题，使主要污染物排放量持续削减，重点流域地表水环境质量持续改善，空气环境质量保持稳定，生态环境状况良好。在全省经济持续增长、工业化和城镇化加快推进的背景下，全省环境保护工作取得了显著成效。

3.1 扎实推进主要污染物总量减排

"十二五"期间，安徽省全面落实减排责任机制，大力推动工程减排、结构减排和管理减排，把污染减排作为社会经济发展转方式、调结构的重要抓手，要求各市严格执行国家、省产业政策，加大对"两高一资"的调控力度，严把环评准入关、严守总量审核关；把结构减排作为产业转型升级的重要手段，淘汰落后产能，促进经济健康发展、绿色发展、和谐发展；加大淘汰落后产能力度，突出抓好"六厂（场）一车"建设，完善减排协调推进机制，实行月调度、月通报和季巡查，减排工作扎实推进。

根据国务院与安徽省人民政府签订的"十二五"主要污染物总量减排目标责任书，我省"十二五"主要污染物总量减排目标是：到 2015 年，全省 COD 和氨氮排放总量分别控制在 90.3 万吨、10.09 万吨以内，比 2010 年分别下降 7.2％、9.9％；二氧化硫和氮氧化物排放总量分别控制在 50.5 万吨、82.0 万吨以内，比 2010 年分别下降 6.1％、9.8％。"十二五"期间，二氧化硫、氮氧化物、化学需氧量和氨氮排放总量降幅分别是国家下达任务的 176％、211％、146％ 和 137％，全面超额完成国家下达的"十二五"主要污染物总量减排任务。

3.2 强化重点领域、重点流域污染防治

3.2.1 大气污染防治

为改善大气环境，把二氧化硫、氮氧化物、颗粒物、挥发性有机物作为改善大气

环境的重点防控污染物,把火电、钢铁、有色、石化、水泥等行业作为重点监管行业,推进跨区域大气污染联防联控,制定了大气污染防治实施方案和应急预案、《大气污染防治重点工作部门分工方案》《安徽省大气污染防治条例》。各地市根据《大气污染防治行动计划》制定实施细则,开展大气污染防治;开展重点行业配套建设高效除尘设施检查,对我省持久性有机物排放进行调查统计,严格执行持久性有机污染物统计报表制度。从2014年起每年设立11.4亿元大气污染防治专项资金。省委深改组将"建立省级大气污染防治财政保障机制"列为年度重点改革任务。

图3-1 新《大气污染防治法》实施座谈会

全力做好全省秸秆禁烧工作。焚烧火点情况及时在媒体公布,对禁烧不力的市予以通报批评。大力推进农作物秸秆还田、发电等综合利用,2015年,夏秋两季秸秆综合利用率分别达到81.7%和81.5%,为历史最好水平。全省16个市中,14个市实现夏季零火点,12个市实现秋季零火点,取得了历史性突破。

3.2.2 水污染防治

"十二五"期间,省政府先后出台了《关于重点流域水污染防治规划(2011—2015年)的实施意见》《安徽省水污染防治工作方案》,成立了分管省长为组长的安徽省水污染防治领导小组,与各市政府签订了《水污染防治目标责任书》,按年度对各市规划实施情况进行考核,并向社会公告。省人大开展了全省饮用水安全专题询问,出台了《关于进一步加强全省饮用水安全保障工作的决议》,修订了《巢湖流域水污染防治条例》。完成《巢湖流域城镇污水处理厂和工业企业污染物排放限值标准》(送审稿)。

大力推进重点流域水污染防治规划实施,淮河、长江流域在国家组织的年度规划考核中结果均为优。强化饮用水源地环境保护,开展市县集中式饮用水源地环境状况评估,排查整治水源地环境安全隐患,推进备用水源地建设。开展淮河流域污染联防和巢湖蓝藻应急防控,积极妥善处理了惠济河跨界污染、天井湖死鱼事件。开展安徽省地下水基础环境状况调查评估。加强水质较好湖泊生态环境保护工作,瓦埠湖、太平湖、黄大湖、焦岗湖、佛子岭水库五个湖泊先后纳入国家专项。稳步推进新安江水环境生态补偿试点工作，建立省内大别山区水环境生态补偿机制。

3.2.3 危险废物及化学品污染防治

全省 16 个市医疗废物及合肥、铜陵、滁州、马鞍山等危险废物集中处置设施均建成投运。省环保厅、发改委、经信委、卫生厅印发《安徽省"十二五"危险废物污染防治规划实施方案》，组织对全省危险废物产生单位和经营单位进行规范化督查考核，抽查企业 977 家次，通报各市问题清单 89 份。安徽与上海、浙江、江苏等省市积极开展危废跨区域转移监管协作，有力打击了危险废物非法倾倒行为。建设固体废物管理信息系统，实现网上申报登记、电子转移联单、管理计划备案等。对涉及有毒化学品进出口环境管理登记工作和进行新物质登记的企业开展环保检查，落实化学品环境管理登记审批制度，开展全省涉及危化品生产企业的环境情况调查。开展含多氯联苯电力设备及废物数据调研、标识、管理工作。2013 年，省环保厅组织开展了全省化工企业环境污染隐患排查整治工作，提出"六个一律"整治要求；2014 年，继续开展化工企业污染隐患排查回头看，要求各地采取"三不三直"的方式，深查重大环境安全隐患及整改情况，做到"企业排查全覆盖、环境隐患零容忍"。2015 年，省环保厅印发了《关于集中开展化工行业环境污染隐患排查整治的紧急通知》，在全省范围内开展化工行业环境污染隐患集中排查整治。编制《安徽省重金属污染防治"十二五"规划》，加强重金属污染防治和实施力度，对全省进行了督查并开展涉铅企业专项检查。

3.3 进一步规范环评和环保验收管理

"十二五"期间，严防落后产能和重污染项目转入我省，全省共审批各类建设项目环评文件 64206 个。全面落实规划环评的前置地位，发挥其"闸门"控制作用，截至 2015 年，全省 163 个省级以上开发区，已完成规划环评 153 个，实施园区污染物的集中处理处置，推动各类开发园区污染集中治理设施的建设。制定了《建设项目竣工环境保护验收管理办法》《建设项目环境监理试点工作实施办法》，规范项目竣工验收与后续监管。配合环保部完成皖江城际铁路网规划环评、芜湖轨道交通网规划环评、合肥市城市轨道交通建设规划（2014—2020 年）环评、芜湖港和马鞍山港总体规划环评等交通、港口规划环评的审查。完成了黄山、安庆、芜湖、阜阳、六安、蚌埠等 6 市国家公路运输枢纽总体规划环评的审查。

2011 年，省政府批准省环保厅设立建设项目环境管理处，在省级层面实现了"评验分离"。

3.4 加强环境执法监管

"十二五"期间，按照环保部和省委、省政府的统一部署，组织开展了全省环保专项行动、环境保护大检查等重点工作。省环保厅采取"明察与暗访"相结合的方式，对涉铅企业、化工行业、医疗废物、医药制造等重点行业开展了一系列专项执法检查，对砀山县利民河、宿州市小黄河、淮北市濉临沟、蚌埠市铁姑娘运河、铜陵市入江排口等流域区域进行集中排查整治。对检查发现的突出环境问题和重点环境违法案件，采取挂牌督办、区域限批、媒体曝光等手段，严厉打击了一批环境违法行为。不断加大环境行政执法后督察力度，对重点案件进行跟踪督办，解决了一批突出环境污染问题。省环保厅对 257 起环境违法案件实施省级挂牌督办，对太和县、蒙城县、灵璧县、埇桥区、颍上县等区域实施环评限批，对滁州市、马鞍山市人民政府和霍山县、怀宁县、东至县、和县人民政府等地方政府实施约谈。环保专项行动中，全省累计出动环境执法人员 43.8 万余人次，检查企业 14.8 万余家次，立案查处 600 余起。2015 年环境保护大检查期间，全省共出动环境监察执法人员 13.39 万人次，检查各类企业 5.08 万家次；查处环境违法企业 3724 家，其中立案处罚 1084 家，共罚款 5836.15 万元。新《环境保护法》实施后，全省实施按日连续处罚案件共 5 件，罚款 743.21 万元；实施查封、扣押案件共 126 件；实施限产、停产案件共 167 件；移送行政拘留共 60 件，移送涉嫌环境污染犯罪案件共 19 件。

图 3-2 环境监测执法

"十二五"以来，我省加强了辐射安全管理，出台了《关于加强全省辐射环境监察工作的意见》，省、市、县三级环保系统每年开展一次辐射安全检查。2011 年底，我省已对放射性同位素和射线装置使用及销售单位全部实行许可证管理；2010 年和 2012 年先后对冰雁辐化有限公司和滁州原子能研究所 2 家 4 套装置实施强制退役，彻底消除辐射安全隐患。2010 年、2012 年和 2014 年，先后 3 次对核技术利用辐射安全管理信息系统中的数据进行重新梳理。2011—2014 年 5 月，我省共收贮放射源 387 枚，确保废旧放射源在闲置 3 个月内完成收贮。截至 2015 年 11 月，无Ⅲ类及以上进口放射源已到寿期。从 2010 年起，所有辐射行政审批工作全部实行网上审批备案，完善放射源全过程动态管理。2012 年 12 月，省环保厅联合省公安厅、省卫生厅、省财政厅共同举行了全省首次辐射应急演练。

3.5　协同推进城乡环境综合治理

　　"十二五"以来，我省积极推进国家环境保护模范城市创建工作。马鞍山市 2012 年通过环保部组织复核并顺利通过；宣城市 2014 年完成省级预评估，已申请国家考核验收；2013 年、2014 年，省环保厅分别出台了《安徽省省级生态县考核验收及管理办法》、《安徽省省级生态市建设管理办法（试行）》，2015 年，出台省级环境保护模范城市管理办法和考核实施细则。池州、安庆、芜湖等市创建国家环境保护模范城市各项工作稳步推进。

　　省委、省政府做出了《关于全面推进美好乡村建设的决定》。开展"三线三边"环境整治（铁路沿线、公路沿线、江河沿线及城市周边、省际周边、景区周边），以"四治理一提升"（垃圾污水治理、建筑治理、广告标牌治理、矿山生态环境治理、绿化改造提升）为主要内容，强力推进城乡环境综合治理。省环保厅出台了《安徽省环保厅关于加强农村环境保护推进美好乡村建设的实施意见》，明确了农村环境保护工作的目标任务，把农村饮用水水源地环境保护、生活污水治理、生活垃圾处理、畜禽养殖污染防治、土壤环境保护等八个方面作为重点工作。"十二五"期间，我省成功列入国家农村环境连片整治试点示范，积极利用中央农村环保补助资金 8 亿元，开展涉及 70 个示范县（市、区）的 141 个乡镇、647 个行政村和 109 个环境"问题村"环境整治，受益面积 4216 平方千米，受益人口 197.6 万人。全省首批 1710 个美好乡村试点建设任务已基本完成，部分地区农村环境面貌得到了极大改善。省住建厅在全省组织实施了农村清洁工程，并纳入省政府组织实施的民生工程，全省累计投入资金约 15 亿元，基本实现了乡镇生活垃圾收集、处置全覆盖。2015 年 3 月，省住建厅、省环保厅和省农委又联合印发了《安徽省农村生活垃圾 3 年治理行动方案》，提出到 2017 年底建立健全全省农村生活垃圾分类、收集、运输和处理系统。大力开展生态创建，4 个县（市）被命名为国家级生态县，其中霍山县成为中西部第一、全国第四个被命名的国家级生态县，123 个乡镇被命名为国家级生态乡镇；成功创建 1 个省级生态市、24 个省级生态县、306 个省级生态乡镇和 584 个省级生态村。2014 年，合肥高新区成为中西部首批、安徽省首个"国家生态工业示范园区"。

3.6　扎实开展环保法制、科技监测、宣传教育工作

3.6.1　环保法制

　　省人大颁布实施了《安徽省大气污染防治条例》、《巢湖流域水污染防治条例》、

《安徽省湿地保护条例》，做出了《关于进一步加强大气污染防治的决定》，开展了一法一条例执法检查；省政府出台了《安徽省机动车排气污染防治办法》，启动《安徽省城镇生活饮用水水源环境保护条例》修订；出台了《安徽省环境保护督查方案（试行）》、《安徽省环境保护行政执法与刑事司法衔接配合工作实施意见（试行）》。省环保厅制定《安徽省环境保护区域限批管理办法》、《安徽省环保厅环境问题约谈暂行办法》，省住建厅下发《安徽省建筑工程施工扬尘污染防治规定》。

3.6.2 环境监测

全力推进市、县级环境监测站标准化达标建设，启动市县级环境监测站验收工作。截至 2015 年 11 月，全省 1 个省级站通过环保部验收、13 个市级站和 15 个县级站通过省环保厅组织验收。全省已建成 169 个空气质量自动监测站点，包括 1 个国家区域站、68 个国控城市站和 92 个县市级站，均按照新标准要求开展监测工作。16 个地级城市具备了空气质量新标准监测能力，省级重污染天气监测预警网络初步建成。可实现实时监控 16 个地级城市空气质量及变化趋势，对区域重污染天气开展初步监测预警。省级编制完成《安徽省空气质量预报预警及大气环境管理决策支持系统项目建设方案》，完成安徽省空气质量预报预警系统（一期）建设。合肥市基本完成大气颗粒物来源解析工作。

图 3-3 环境监测

圆满完成总量减排监测体系考核任务，截至 2015 年第三季度，企业自行监测结果公布率为 94.1%，监督性监测结果公布率 100%，均达到考核要求。

切实做好重点企业污染源监测信息发布，在省环保厅门户网站建立了重点企业自行监测及监督性监测信息发布平台，实现了全省国控重点企业监测信息的实时公开和在线查询，保障公众的知情权。

3.6.3 环保科研

出台了《安徽省环境保护科研课题项目管理办法》，设立了省环保科研专项资金，完成了一批环保科研成果。与中科院、中科大等科研院所建立环保科研合作；成立安徽省环境规划院；抓好重大水专项"十一五"项目成果凝练及推广应用和环保部公益项目的实施工作。

3.6.4 环保宣教

组织江淮环保世纪行和安徽环保宣传周，积极开展各类宣教活动，大力宣传新环保法、国务院气十条、水十条、安徽省环境保护条例等法律法规，努力提高公众法治意识和环保常识，配合和引导新闻媒体进行环境宣传，弘扬环境保护正能量，鞭笞违法行为，年均举办新闻通气会 20 余场，专题新闻宣传近 40 次，在人民日报、中央电视台、安徽日报等主流媒体上发表各类稿件每年超过 500 余篇（条），以绿色学校、绿色社区创建为抓手积极推动环境教育，普及环境知识，先后创建各级绿色学校近 2000 所、绿色社区 200 余个。开展了安徽省"十佳"环保人士评选，手机基站电磁辐射专项宣传月、千名青年环境友好使者行动、争当全省百佳校园环保小卫士等活动，打造了《绿色视野》杂志、《绿色安徽》电视专栏、环境舆情监控等宣教平台，为提高全民环保素质、弘扬生态文明、推动环保工作起到了积极作用。

环境监测工作概况

4.1 常规监测

4.1.1 污染源

"十二五"期间，根据环保部下发的年度《国家重点监控企业名单》和安徽省环保厅下发的年度《省级重点监控企业名单》，对全省国控、省控重点监控企业按季度开展监督性监测及自动监测设备比对监测；组织开展对全省国、省控重点监控企业的飞行检查监督监测，全年飞行检查监测企业比例占全省国、省控企业数量的10%。

五年来，全省污染源监督性监测工作实际完成率均为100%。五年来，共对国、省控重点污染源进行监督性监测累计8440次；其中国、省控废水重点源3014家次，废气重点源2621家次，污水处理厂2108家次，重金属企业637家次，规模化畜禽养殖场6家次，危废企业54家次。

4.1.2 环境空气与酸雨

（1）环境空气

全省16个地级城市开展了城市空气的例行监测工作，共设置城市空气监测点位68个，每天24小时自动监测。必测项目有二氧化硫、二氧化氮和可吸入颗粒物三项。合肥2013年起、芜湖和马鞍山2014年起、其他城市2015年起开始增测细颗粒物、臭氧和一氧化碳三项。五年里共获得监测数据5364405个。

（2）酸雨

全省16个地级城市开展了酸雨的例行监测工作，共设置酸雨监测点位40个，监测项目为降水量、pH值、电导率以及离子组分（SO_4^{2-}、NO_3^-、Cl^-、F^-、Ca^{2+}、NH_4^+、Mg^{2+}、Na^+、K^+），全年逢雨必测，五年里共获得监测数据81360个。

4.1.3 水环境

（1）城市集中式饮用水水源地

全省16个地级城市6个县级市开展了城市集中式饮用水源地水质监测，2015

年共设置 45 个集中式饮用水水源地。地级以上城市地表水源地每月按《地表水环境质量标准》（GB 3838—2002）表 1 的基本项目（23 项，化学需氧量除外）、表 2 的补充项目（5 项）和表 3 的优选特定项目（33 项），共 61 项进行监测；地下水源地按照《地下水质标准》（GB/T 14848—93）中 23 项指标进行监测。每年 7—8 月，开展一次集中式饮用水源地水质全分析工作，地表水源地监测分析项目 109 项，湖库型饮用水源地按要求加测叶绿素 a 和透明度；地下水源地监测分析项目 39 项。

按照国家要求，自 2013 年 1 月起，对县级行政单位所在城镇的所有在用集中式生活饮用水水源地开展监测，2015 年全省共监测 46 个县城 53 个地表水源地、14 个县城 17 个地下水源地。县级行政单位所在城镇的集中式生活饮用水地表水源地每季度采样监测 1 次，地下水源地每半年采样监测 1 次，每 2 年开展 1 次水质全分析监测。

全省各级环境监测站于每月上旬进行采样监测，省环境监测中心站每月定期向社会发布全省城市集中式饮用水源地水质月报。五年里获得监测数据 175820 个。

（2）江河、湖库地表水

全省共布设江河、湖库地表水环境质量省控以上常规监测断面（点位）247 个，其中国控断面（点位）73 个、省控断面（点位）174 个。河流监测断面 185 个，覆盖淮河、巢湖、长江和新安江四大流域共 100 条河流；湖库监测点位 62 个，监控 28 座湖库。水质断面（点位）监测频次为每月一次。河流监测《地表水环境质量标准》（GB 3838—2002）表 1 的基本项目（23 项，总氮除外），以及流量、电导率。湖库增测透明度、总氮、叶绿素 a 和水位等指标。五年里共获得监测数据 381660 个。

（3）地下水

安徽省淮河以南地区地表水资源丰富，皖北地区大部分城市以地下水为主要饮用水源，对 6 个地级城市和 1 个县级市的共 14 个地下水饮用水源地水质开展每月一次的常规监测，自 2013 年开始，对 14 个县城的 17 个地下水饮用水源地开展每半年 1 次的常规监测。地下水源地按照《地下水质标准》（GB/T 14848—93）中 23 项指标进行监测。五年里共获得监测数据 19320 个。

4.1.4 城市声环境

全省 16 个地级城市开展了城市区域环境噪声监测，有效测点数为 2244 个，城市建成区环境噪声监测的网格覆盖面积共 1234.6 平方千米；道路交通噪声年度监测，共监测 794 个测点、路段长约 1882.5 千米；功能区噪声季度监测，每次连续监测 24 小时，监测 142 个点位、1136 个点次。

4.1.5 生态环境

全省生态环境质量监测工作是依据最新的技术规范，在遥感解译数据的基础上，结合基础地形图数据、土壤侵蚀数据、自然状况数据（水资源量、降水等）、环境统计数据、社会与经济等数据对全省 16 个市级行政区生态环境状况进行评价。遥感监测项目为土地利用/覆盖数据（6 大类，26 小项），其他项目为土壤侵蚀、水资源量、降水量、二氧化硫排放量、COD 排放量和固体废物排放量等。

按照解译精度要求，对全省 20 景卫星影像进行人机交互的目视解译，共手绘土地利用/覆盖类型现状图斑 164810 个、动态图斑 3808 个。

4.1.6 土壤环境

根据中国环境监测总站的工作部署，每年进行一个专题的土壤环境质量监测，2011—2015 年依次开展了国控重点污染源周边场地土壤环境质量监测、基本农田区（主要为粮、棉、油生产区）土壤环境质量监测、主要蔬菜种植基地环境质量监测、集中式饮用水水源地环境质量监测和省会合肥绿地土壤环境质量监测、规模畜禽养殖场周边环境质量监测等。五年间，共对 201 个地块的 993 个点位进行了监测。

按照环保部的工作部署，2015 年开展了全省土壤环境质量国控点位布设方案编制工作，拟订了全省土壤环境质量国控点位布设方案，并上报环保部待审定。全省初步布设土壤基础点位 724 个，特定点位 187 个，背景点位 61 个。

4.1.7 农村环境

全省共对 28 个县的 73 个村庄开展了农村环境质量监测，其中 2011 年和 2012 年为"农村'以奖促治'村庄专项监测"，2013—2015 年为农村环境质量试点监测。

监测内容包括农村环境空气质量、农村饮用水水源地、县域地表水和农村土壤环境监测。

4.2 专项监测

4.2.1 巢湖蓝藻水华监测

自 2007 年起，为密切监控巢湖蓝藻水华情况，安徽省环保部门布置了巢湖蓝藻应急监测工作。2009 年，环境保护部启动巢湖水华预警和应急监测工作，组织中国环境监测总站、环境保护部卫星环境应用中心和安徽省环保部门采用手工常规监测和卫星遥感监测等手段，密切跟踪监测巢湖水华情况的发展，及时进行预测和预警。

2008—2015 年，安徽省环保部门依据手工监测、湖区巡查和卫星遥感天地一体化的立体方式开展预警监测。

监测点位为巢湖湖体 12 个测点，监测指标为水温、透明度、pH、溶解氧、氨氮、高锰酸盐指数、总氮、总磷、叶绿素 a、藻类密度（鉴别优势种）。监测时间和监测频次按照每年的环境监测方案进行。根据水质监测、遥感卫片解译和现场巡测结果，编制《巢湖蓝藻水华应急监测报告》。

4.2.2 新安江流域和大别山区生态补偿监测

依据《财政部、环境保护部关于〈印发新安江流域水环境补偿试点工作实施方案〉

的函》（财建函〔2011〕123号）的有关要求，从2011年起启动实施新安江流域水环境补偿试点监测工作。

监测断面为跨界水体新安江国控街口断面，监测指标为高锰酸盐指数、氨氮、总氮和总磷，用于计算考核结果。监测频次为每月联合监测一次。

依据《安徽省财政厅、安徽省环境保护厅关于印发〈安徽省大别山区水环境生态补偿办法〉的通知》（财建〔2014〕1713号）的有关要求，从2015年起启动实施安徽省大别山区水环境生态补偿监测工作。监测断面为跨界水体淠河总干渠罗管闸断面，监测指标为高锰酸盐指数、氨氮、总氮和总磷，用于计算考核结果。监测频次为每月联合监测一次。

4.2.3　重点流域规划考核断面水质监测

根据环保部"十二五"重点流域水污染防治专项规划实施情况考核的相关文件，我省水污染防治规划考核涉及淮河、巢湖和长江中下游流域，共35个考核断面，其中淮河流域16个、巢湖流域12个、长江流域7个。从2011年开始，每月监测一次，河流监测《地表水环境质量标准》（GB 3838—2002）表1的基本项目（23项，总氮除外），以及流量、电导率。湖库增测透明度、总氮、叶绿素a和水位等指标。每月进行达标评估分析。

4.2.4　水质较好湖泊水质监测

根据《水质较好湖泊生态环境保护总体规划（2013—2020年）》中的水质考核目标要求，从2015起开展我省水质较好湖泊的水质监测工作，共24座湖泊，62个点位（断面）监测项目为《地表水环境质量标准》表1中24个基本项目，另外湖体点位增加透明度和叶绿素a2个项目，监测频次为每季度1次，全年4次。

4.3　应急监测

"十二五"期间，全省监测系统不断提升应急监测水平，做好突发性环境污染事故应急监测和污染纠纷监测。

2011年参与并组织"安徽省淮河流域突发环境事件应急演练"。圆满完成"2011年度全国突发环境事件应急监测演练——安徽省匡河水污染应急监测"活动。

2011—2015年，积极组织开展怀宁铅污染，宿州光气污染，芜湖繁昌县兆信炉料有限公司溃坝，涡河、惠济河突发水污染等数起突发性环境污染事故的应急监测工作，特别是涡河、惠济河突发水污染事件应急监测工作，前后共计派出21人次赴现场开展调研和采样工作，并及时把各类监测数据汇总，共编制简报75期。

"十二五"期间，积极协助省环保厅开展污染纠纷、执法检查和举报投诉监测，共出具各类监测报告281份，为环境监管提供了有力的技术支持。

图 4 - 1 环境应急监测

4.4 环境监测质量管理

"十二五"期间,安徽省环境监测系统切实加强环境监测工作质量管理,将《环境监测质量管理规定》落到实处。

健全完善环境监测管理制度,"十二五"期间,始终坚持"质量是监测工作生命线"的方针,促进各市监测工作规范化,确保环境监测数据质量,印发《关于进一步规范环境质量自动监测站第三方运营管理质量的通知》、《关于推动环境质量自动监测第三方运营的指导意见》、《安徽省水质自动监测站运行管理考核办法(暂行)》、《安徽省环境自动监测质量管理办法》、《安徽省环境监测质量管理实施细则》、《关于进一步加强"十二五"期间环境空气自动监测站建设管理的通知》、《安徽省空气自动监测质量检查实施方案》等文件。从制度上进一步强化了监测技术管理,确保环境监测数据质量。

积极开展全省质量巡检,"十二五"期间,组织开展了市级站的监测能力考核工作,并对质量体系运行情况进行了检查。分别针对水质和空气自动监测站、地表水监测断面、区域声环境和道路交通噪声、饮用水源地等分别进行了比对监测,其中对空气自动站经常进行不定期的飞行检查。

规范持证上岗考核组织工作,研发了持证上岗考核计算机管理系统,采取计算机出题,并对专家管理、现场考核、成绩管理等进行计算机流程管理。2015年引进了总站环境监测人员持证上岗考核系统,更新了专家库,修订完善了《安徽省环境监测人员持证上岗考核作业指导书》,进一步规范全省持证上岗考核工作。2015年省站共完成全省8个地级市站、26个县站及巢湖管理局监测站331人1763项次的持证上岗考核工作,同时试点性开展了合肥市环境监察人员采样持证考核工作。

第二部分　污染物排放

废水及主要污染物

5.1 工业用水情况

2015年，工业企业用水总量为164.44亿吨，其中新鲜水用量11.71亿吨，重复用水量152.73亿吨，重复用水率92.88%。马鞍山、淮南、合肥、铜陵、淮北和阜阳等6个市的用水量约占总用水量的73.33%。

主要用水行业是电力、热力的生产和供应业，黑色金属冶炼及压延加工业，化学原料及化学制品制造业，石油加工、炼焦和核燃料加工业，计算机、通信和其他电子设备制造业，有色金属冶炼和压延加工业，6个行业用水量约占总用水量89.50%。"十二五"期间工业用水总量呈显著上升趋势。

表5-1　工业用水情况一览表

项　　目	2010年	2011年	2012年	2013年	2014年	2015年
新鲜用水量（亿吨）	15.22	17.91	11.39	12.66	12.48	11.71
重复用水量（亿吨）	121.71	116.96	129.06	130.86	139.62	152.73
用水总量	136.93	134.87	140.45	143.52	152.1	164.44
重复利用率（%）	88.89	86.72	91.90	91.18	91.79	92.88

5.2 废水排放状况

5.2.1 废水排放情况

2015年，废水排放总量27.83亿吨，其中工业废水排放总量为6.99亿吨，生活废水排放总量为20.84亿吨。工业废水中主要污染物化学需氧量8.20万吨，氨氮0.65万吨；生活废水中主要污染物化学需氧量42.72万吨，氨氮5.44万吨。化学需氧量排放总量50.92万吨，比上年减少0.94%；氨氮排放总量6.09万吨，比上年减少4.43%。

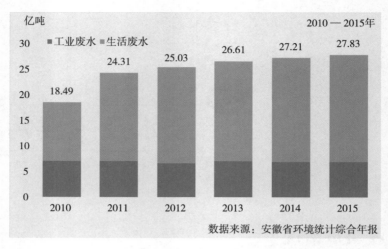

图 5-1　"十二五"废水排放量年际变化

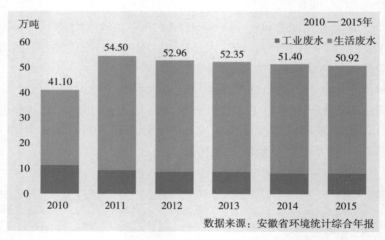

图 5-2　"十二五"化学需氧量排放量年际变化

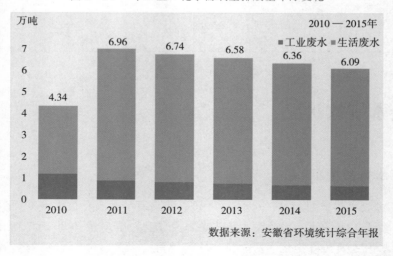

图 5-3　"十二五"氨氮排放量年际变化

表 5-2 废水和主要污染物排放状况及年际对比

指 标		2010 年	2011 年	2012 年	2013 年	2014 年	2015 年
废水排放总量（亿吨）		18.49	24.31	25.03	26.61	27.21	27.83
其中：工业废水		7.10	7.07	6.72	7.1	6.96	6.99
生活废水		11.39	17.24	18.31	19.51	20.25	20.84
化学需氧量排放量（万吨）		41.1	54.5	52.96	52.35	51.4	50.92
其中：工业废水		11.39	9.41	8.94	8.71	8.18	8.20
生活废水		29.71	45.05	44.02	43.64	43.2	42.72
氨氮排放量（万吨）		4.34	6.96	6.74	6.58	6.36	6.09
其中：工业废水		1.21	0.9	0.84	0.77	0.69	0.65
生活废水		3.13	6.96	5.9	5.81	5.67	5.44
工业废水污染物排放量（吨）	汞	0	0	0	0	0.0023	0.0021
	镉	0.16	0.75	0.14	0.010	0.12	0.12
	六价铬	0.09	5.72	2.30	0.25	0.21	0.20
	铅	1.24	2.87	1.76	1.44	1.25	1.43
	砷	1.89	7.06	5.07	4.80	2.22	2.24
	氰化物	6.54	6.72	6.36	7.13	6.67	6.20
	挥发酚	9.12	6.77	5.61	6.07	5.11	3.33
	石油类	188.24	776.85	730.64	750	701.77	624.09

5.2.2 行业排放情况

按行业统计，2015 年工业废水排放量最大的为化学原料及化学制品制造业，化学原料及化学制品制造业、煤炭开发和洗选业、造纸及纸制品业、黑色金属冶炼及压延加工业、电力、农副食品制造业等 5 个行业累计废水排放量占全行业排放量（指全省重点调查工业企业排放量，下同）的 56.90%，达 3.66 亿吨。

化学需氧量排放量较大的行业有化学原料及化学制品制造业、造纸及纸制品业、农副食品加工业、黑色金属冶炼及压延加工业、酒及饮料和精制茶制造业，5 个行业累计占全行业排放量的 56.80%，达 3.80 万吨。

氨氮排放量最大的是化学原料及化学制品制造业，年排放量达 0.26 万吨，占全行业排放量的 43.87%。

图 5-4　2015年废水排放量行业分布

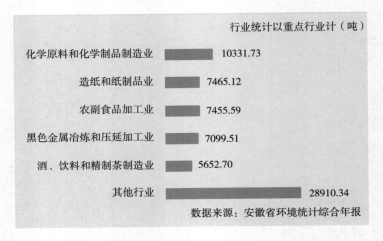

图 5-5　2015年化学需氧量排放量行业分布

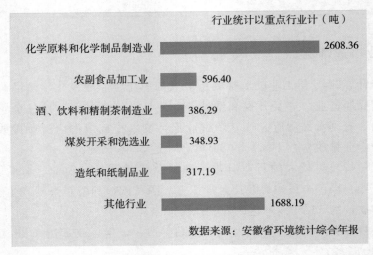

图 5-6　2015年氨氮排放量行业分布

5.2.3 各城市排放情况

2015 年，各地级城市废水排放量最大的是淮南市，其次是马鞍山、宿州、滁州、淮北和铜陵等 5 市，6 市合计占全省排放量的 58.09%。

化学需氧量排放量最大的是滁州，其次是宿州、马鞍山、合肥、芜湖和宣城等 5 市，6 市合计占全省排放量的 54.19%。

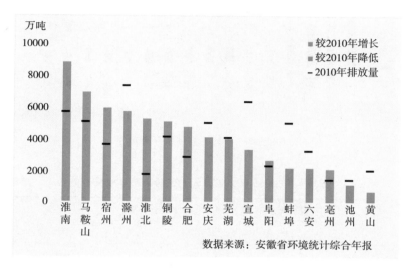

图 5-7 废水排放量城市排序

氨氮排放量最大的是淮南市，其次是滁州、阜阳、宿州、淮北和铜陵等 5 市，6 市合计占全省排放量的 63.40%。

宿州市万元产值（现价）化学需氧量居首位，阜阳市万元产值（现价）氨氮居首位。

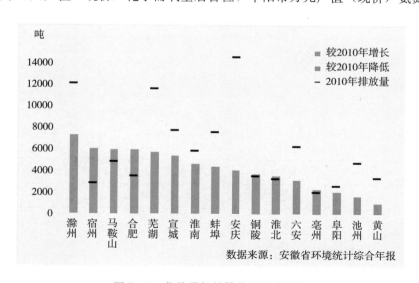

图 5-8 化学需氧量排放量城市排序

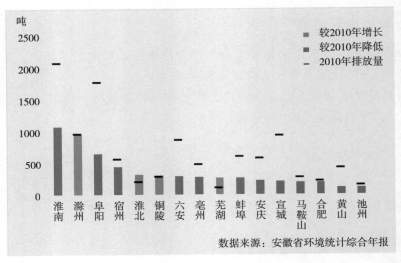

数据来源：安徽省环境统计综合年报

图 5-9　氨氮排放量城市排序

表 5-3　2010 年与 2015 年全省万元产值污染物排放量一览表　　单位：千克/万元

区　域	化学需氧量			氨氮		
	2010 年	2015 年	变化率（%）	2010 年	2015 年	变化率（%）
合　肥	0.22	0.23	4.55	0.01	0.004	−60.00
淮　北	0.96	0.63	−34.38	0.06	0.006	−90.00
亳　州	1.79	0.80	−55.31	0.43	0.013	−96.98
宿　州	1.73	2.39	38.15	0.35	0.008	−97.71
蚌　埠	2.66	0.81	−69.55	0.22	0.012	−94.55
阜　阳	0.80	0.41	−48.75	0.55	0.024	−95.64
淮　南	0.55	0.91	65.45	0.20	0.012	−94.00
滁　州	3.84	0.94	−75.52	0.31	0.017	−94.52
六　安	1.80	0.69	−61.67	0.25	0.014	−94.40
马鞍山	0.50	0.56	12.00	0.03	0.003	−90.00
芜　湖	1.47	0.22	−85.03	0.01	0.007	−30.00
宣　城	3.47	0.91	−73.78	0.43	0.006	−98.60
铜　陵	0.48	0.27	−43.75	0.04	0.006	−85.00
池　州	3.38	0.70	−79.29	0.11	0.010	−90.91
安　庆	3.41	0.53	−84.46	0.14	0.006	−95.71
黄　山	9.18	0.89	−90.31	1.18	0.016	−98.64
全　省	1.27	0.50	−60.63	0.14	0.009	−93.57

5.2.4 废水及污染物排放量变化趋势

"十二五"期间，废水中主要污染物化学需氧量、氨氮排放量呈显著下降趋势，工业废水中六价铬、铅、砷、挥发酚、石油类排放量呈显著下降趋势。

5.2.5 废水治理情况

"十二五"期间，全省大力兴建城镇污水处理厂，数量由 2011 年的 105 座增加到 2015 年的 348 座，污水处理量由 2011 年 125610.51 万吨增加到 2015 年的 194419.51 万吨。

表 5-4　城市污水处理厂及处理率

项　　目	2010 年	2011 年	2012 年	2013 年	2014 年	2015 年
城镇污水处理厂数	78	105	129	204	243	348
污水年处理量（万吨）	106255	125610.51	148129.72	167233.87	182311.29	194419.51
化学需氧量去除量（吨）	175581.5	201534.95	224230.19	269483.92	300046.65	328991.97
氨氮去除量（吨）	15452.3	16429.80	20245.01	26257.14	31101.64	37358.86
总磷去除量（吨）	2438.7	1927.26	3160.41	2912.84	3184.54	4327.66
运行费用（万元）	54298.5	87567.16	94244.31	91424.28	96779.23	113143.44

5.2.6 农业污染排放及处理利用情况

2015 年，全省农业化学需氧量排放量为 35.56 万吨，氨氮排放量为 2.63 万吨。

表 5-5　农业污染排放情况

农业源种类	化学需氧量（万吨）	氨氮（万吨）
规模化养殖场/小区	16.12	1.69
养殖户专业户	18.07	0.89
水产养殖	1.37	0.05
合计	35.56	2.63

6 废气及主要污染物

6.1 工业用煤（油、气）情况

2015 年，工业煤炭（含燃料煤、原料煤）消费量为 14120.00 万吨，比上年增长 0.88%，燃料油（含重油、柴油）消费量为 9.62 万吨，与上年持平，洁净燃气消费量为 50.53 亿标立方米，比上年上升 82.35%。随着全省经济发展，"十二五"期间，工业煤炭消费量显著上升，2015 年与 2010 年相比，增加 2437.57 万吨。

表 6-1 工业燃料消费量情况一览表

项 目	2010 年	2011 年	2012 年	2013 年	2014 年	2015 年
工业煤炭消费量（万吨）	11646.43	12965.36	13500.03	14037.67	13996.16	14120.00
燃料油消费量（万吨）	32.65	14.45	12.58	10.74	9.62	9.62
洁净燃气消费量（亿标立方米）	278.28	40.67	60.50	10.73	27.71	50.53

6.2 废气排放情况

6.2.1 废气及主要污染物排放情况

2015 年，全省工业废气排放总量为 30709.99 亿标立方米，比上年增加 6.36%；二氧化硫（工业及生活）排放总量为 47.94 万吨，比上年减少 1.36%；氮氧化物排放量 50.15 万吨，比上年减少 13.30%；烟粉尘（工业及生活）排放总量为 51.11 万吨，比上年减少 26.30%。"十二五"期间，全省废气中二氧化硫和氮氧化物排放量呈显著下降趋势，烟粉尘排放量呈现上升趋势。

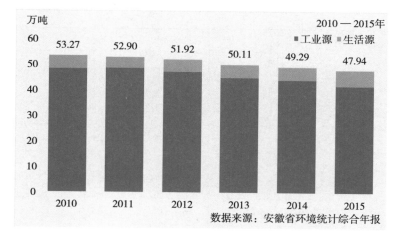

图 6-1 "十二五"二氧化硫排放量年际变化

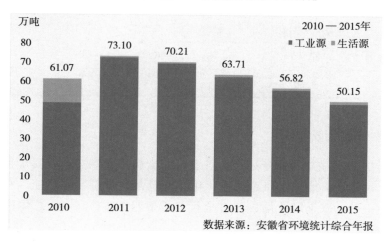

图 6-2 "十二五"氮氧化物排放量年际变化

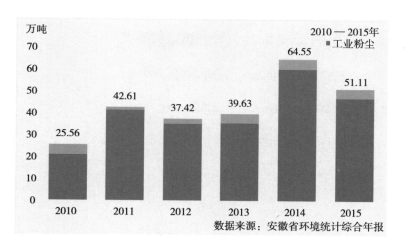

图 6-3 "十二五"工业烟粉尘排放量年际变化

表 6-2 废气中主要污染物排放状况

项 目	2010 年	2011 年	2012 年	2013 年	2014 年	2015 年
二氧化硫排放总量（万吨）	53.27	52.9	51.92	50.11	49.29	47.94
其中：工业源	48.45	48.72	47.24	45.02	44.06	41.93
生活源	4.82	4.18	4.68	5.09	5.23	6.01
氮氧化物排放总量（万吨）	61.07	73.1	70.21	63.71	56.82	50.15
其中：工业源	48.75	72.27	69.31	62.64	55.66	48.77
生活源	12.32	0.85	0.9	1.07	1.16	1.38
烟粉尘排放总量（万吨）	25.56	42.61	37.42	39.63	64.55	51.11
其中：工业源	20.76	41.06	35.06	35.18	60.11	46.66
生活源	4.80	1.55	2.36	4.45	4.44	4.45

6.2.2 行业排放情况

2015 年，二氧化硫年排放量最大的行业是非金属矿物制造业，其次是电力热力生产和供应业、黑色金属冶炼及压延工业、化学原料及化学制品制造业、有色金属冶炼和压延加工业，5 个行业累计排放量占全行业排放量的 87.55%。总体格局与"十一五"末相比变化不大。

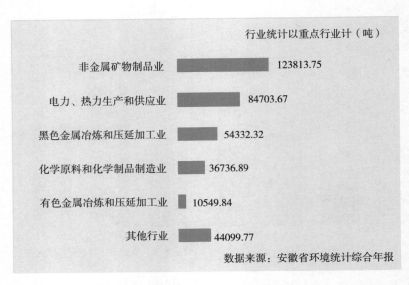

行业统计以重点行业计（吨）

非金属矿物制品业	123813.75
电力、热力生产和供应业	84703.67
黑色金属冶炼和压延加工业	54332.32
化学原料和化学制品制造业	36736.89
有色金属冶炼和压延加工业	10549.84
其他行业	44099.77

数据来源：安徽省环境统计综合年报

图 6-4 2015 年二氧化硫排放量行业分布

　　氮氧化物排放量最大的行业是非金属制品业，其次是电力、热力生产和供应业，黑色金属冶炼和压延加工业，化学原料和化学制品制造业，石油加工、炼焦和核燃料加工业，5个行业累计占全行业排放量的95.55%。总体格局与"十一五"末相比变化不大。

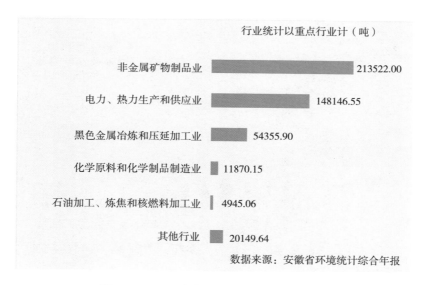

行业统计以重点行业计（吨）

非金属矿物制品业	213522.00
电力、热力生产和供应业	148146.55
黑色金属冶炼和压延加工业	54355.90
化学原料和化学制品制造业	11870.15
石油加工、炼焦和核燃料加工业	4945.06
其他行业	20149.64

数据来源：安徽省环境统计综合年报

图6-5　2015年氮氧化物排放量行业分布

　　工业烟粉尘排放量最大的行业是黑色金属冶炼及压延工业，其次是非金属矿物制造业，电力、热力的生产和供应业，化学原料及化学制品制造业，木材加工和木、竹、藤、棕、草制品业，5个行业累计占全行业排放量的88.46%。总体格局与"十一五"末相比变化不大。

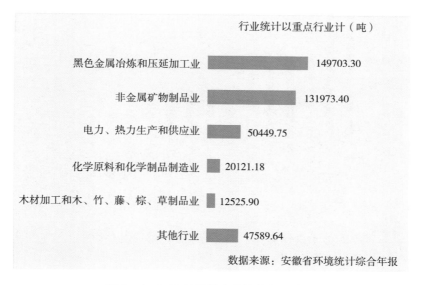

行业统计以重点行业计（吨）

黑色金属冶炼和压延加工业	149703.30
非金属矿物制品业	131973.40
电力、热力生产和供应业	50449.75
化学原料和化学制品制造业	20121.18
木材加工和木、竹、藤、棕、草制品业	12525.90
其他行业	47589.64

数据来源：安徽省环境统计综合年报

图6-6　2015年烟粉尘排放量行业分布

6.2.3 各城市排放情况

2015 年，各城市二氧化硫排放量最大的是淮南市，其次是马鞍山、芜湖、合肥、淮北和铜陵等 5 市，6 个市合计占全省排放量的 60.99％。

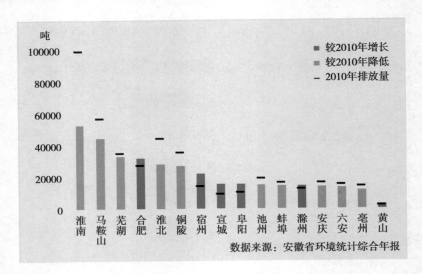

图 6-7　二氧化硫排放量城市排序

氮氧化物排放量最大的是马鞍山市，其次是芜湖、淮南、合肥、安庆和铜陵等 5 市，6 个市合计占全省排放量的 65.68％。

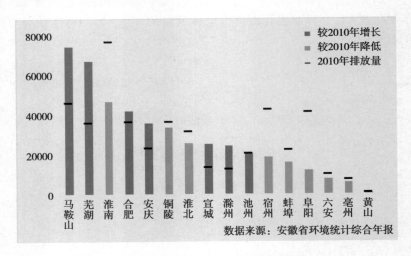

图 6-8　氮氧化物排放量城市排序

烟粉尘排放量最大的是马鞍山市，其次是合肥、宣城、芜湖、六安和铜陵等 5 市，6 个市合计占全省排放量的 65.04％。

城市万元产值（现价）二氧化硫和氮氧化物排放量居首的均是淮南市；万元产值工业粉粉尘排放量居首的是宣城市。

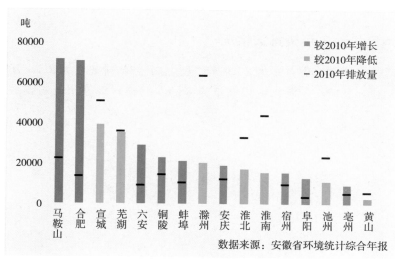

数据来源：安徽省环境统计综合年报

图 6 - 9　工业烟粉尘排放量城市排序

表 6 - 3　2015 年全省万元产值污染物排放量一览表　　　　　单位：千克/万元

区域	二氧化硫			氮氧化物			烟粉尘		
	2010 年	2015 年	变化率(%)	2010 年	2015 年	变化率(%)	2010 年	2015 年	变化率(%)
合　肥	1.74	1.23	−29.31	2.31	1.61	−30.30	0.85	2.74	222.35
淮　北	13.25	4.94	−62.72	9.42	4.50	−52.23	9.75	3.06	−68.62
亳　州	12.55	4.11	−67.25	6.62	2.05	−69.03	4.58	3.14	−31.44
宿　州	8.97	8.73	−2.68	26.55	7.26	−72.66	5.86	6.04	3.07
蚌　埠	5.72	2.66	−53.50	7.88	2.95	−62.56	3.71	3.89	4.85
阜　阳	3.12	2.97	−4.81	12.79	2.31	−81.94	1.11	2.49	124.32
淮　南	9.37	10.34	10.35	7.28	9.10	25.00	4.16	3.03	−27.16
滁　州	3.98	1.86	−53.27	4.00	3.14	−21.50	20.34	2.61	−87.17
六　安	4.47	2.92	−34.68	2.83	1.68	−40.64	2.64	6.33	139.77
马鞍山	5.95	4.14	−30.42	4.85	6.90	42.27	2.34	6.66	184.62
芜　湖	4.43	1.25	−71.78	4.57	2.54	−44.42	4.56	1.34	−70.61
宣　城	4.11	2.65	−35.52	6.02	4.28	−28.90	23.08	6.69	−71.01
铜　陵	4.97	1.95	−60.76	5.14	2.42	−52.92	2.02	1.65	−18.32
池　州	13.82	6.22	−54.99	14.57	8.47	−41.87	16.54	4.61	−72.13
安　庆	3.87	1.78	−54.01	5.42	4.66	−14.02	2.84	2.50	−11.97
黄　山	6.16	2.26	−63.31	2.63	0.44	−83.27	15.82	2.46	−84.45
全　省	5.49	2.67	−51.37	5.87	3.42	−41.74	4.57	3.11	−31.95

6.2.4 各地区机动车污染排放情况

2015 年，全省机动车保有量为 9020276 辆；总颗粒物排放量为 2.35 万吨；氮氧化物排放量为 21.87 万吨；一氧化碳排放量为 88.86 万吨；碳氢化合物排放量为 11.66 万吨。

工业固体废物

7.1　工业固废排放情况

2015 年，工业固体废物排放量为 0，已连续 8 年保持零排放。

7.2　工业固废产生及综合利用情况

7.2.1　工业固废产生情况

2015 年，工业固体废物产生量为 12267.25 万吨，比上年增长 2.23%，"十二五"期间呈显著上升趋势。

数据来源：安徽省环境统计综合年报

图 7-1　工业烟粉尘排放量城市排序

表 7-1　工业固废产生利用情况一览表

项　目	2010 年	2011 年	2012 年	2013 年	2014 年	2015 年
工业固废产生量（万吨）	9159.43	11473.25	12021.37	11936.74	11999.97	12267.25
工业固废综合利用量（万吨）	7850.35	9366.42	10266.94	10461.71	10406.19	10627.86
工业固废排放量（万吨）	0	0	0	0	0	0
工业固废综合利用率（%）	84.55	79.00	85.41	87.64	86.72	86.64

7.2.2　工业固废产生量分布

2015 年，工业固体废物产生量最大的行业是煤炭开采和洗选业，其次为电力、热力的生产和供应业，黑色金属矿采选业，有色金属矿采选业，黑色金属冶炼和压延加工业，5 个行业类计占全行业产生总量的 80.33%，总体格局与"十一五"末相同。

工业固体废物产生量最大的城市是淮南市，其次为马鞍山、铜陵、淮北、合肥和阜阳等 5 市，6 个市合计占全省产生总量的 75.85%。

7.2.3　工业固废主要种类及综合利用情况

工业固体废物综合利用量为 10627.86 万吨，比上年增加 2.13%。除危险废物及尾矿以外的各类固体废物的综合利用量均维持在较高水平。

7.2.4　工业固废产生及综合利用情况

"十二五"期间，工业固体废物产生量及综合利用量均呈显著上升趋势。

7.3　垃圾处理情况

"十二五"期间，垃圾处理量呈平稳上升趋势，生活垃圾处理厂数基本稳定。

表 7-2　垃圾处理情况一览表

项　目	2010 年	2011 年	2012 年	2013 年	2014 年	2015 年
生活垃圾处理厂（场）数	14	125	128	127	134	128
本年实际处理量（万吨）	22761.38	693.18	574.42	551.87	730.71	802.19
本年运行费用（万元）	5869.5	22624.18	33587.78	22707.55	29548.17	28725.44

7.4　危险废物（医疗废物）集中处置情况

"十二五"期间，危险废物产生量呈上升趋势，危险废物综合利用处置能力逐年提升。

表 7 - 3　危险废物集中处置情况一览表

项　目	2010 年	2011 年	2012 年	2013 年	2014 年	2015 年
危险废物产生量（万吨）	11.76	14.77	33.72	50.24	78.6	101.97
危险废物综合利用处置量（万吨）	7.58	11.88	33.14	49.66	90.00	101.13
危险废物集中处置场数	14	10	13	15	19	19
危险废物集中处置量（万吨）	2.28	2.25	2.93	4.02	6.58	7.22

注：2010 年为环境统计数据，2011—2015 年为危险废物申报登记数据。

8 污染源监督性监测

"十二五"期间，全省污染源监督性监测工作实际完成率均为100%。五年来，共对国、省控重点污染源进行监督性监测累计8440次；其中国、省控废水重点源3014家次，废气重点源2621家次，污水处理厂2108家次，重金属企业637家次，规模化畜禽养殖场6家次，危废企业54家次。

8.1　废水排放达标情况

2015年，全省国控废水污染源全年综合达标率为95.3%，其中，化学需氧量单项达标率为98.4%，氨氮单项达标率为97.5%；省控废水污染源全年综合达标率为88.1%，其中化学需氧量单项达标率为93.6%，氨氮单项达标率为95.2%。

全年重点工业污染源中共有22家出现超标，主要超标污染物为化学需氧量、生化需氧量、悬浮物、总磷、总氮、氨氮、大肠菌群、挥发酚、pH值、磷酸盐、石油类和动植物油。

"十二五"期间，国控废水污染源综合达标率均达到90%以上。

表 8-1　重点工业污染源废水排放综合及减排指标达标情况　　　　　　单位:%

控制级别	指标	2011 年	2012 年	2013 年	2014 年	2015 年
国控	综合	91	95.8	98.6	98.4	95.3
	化学需氧量	96	98.1	99.6	99.5	98.4
	氨氮	97	99	99.8	100	97.5
省控	综合	85	97.6	98.1	100	88.1
	化学需氧量	90	100	99.2	100	93.6
	氨氮	97	100	98.7	100	95.2

8.2　废气排放达标情况

2015 年，全省国控废气重点源综合达标率为 95%，其中，二氧化硫单项达标率为 97.8%，氮氧化物单项达标率为 96%；省控废气重点源综合达标率为 90.7%，其中，二氧化硫单项达标率为 97.8%，氮氧化物达标率为 89.6%。

全年重点工业污染源中共有 22 家出现超标，主要超标污染物为烟尘、氮氧化物、二氧化硫和林格曼黑度。

表 8-2　重点工业污染源废气排放综合及减排指标达标情况　　　　单位：%

控制级别	指标	2011 年	2012 年	2013 年	2014 年	2015 年
国控	综合	83	94.5	96.2	89.5	95
	二氧化硫	97	98.8	99.8	98.7	97.8
	氮氧化物	95	97.3	99.7	95	96
省控	综合	93	95.7	94.5	85.1	90.7
	二氧化硫	98	99.5	97.7	90.5	97.8
	氮氧化物	96	96.3	100	99.1	89.6

8.3　城镇污水处理厂排放情况

2015 年，全省城镇污水处理厂全年综合达标率为 92.7%，其中，化学需氧量单项达标率为 99.8%，氨氮单项达标率为 99.6%。

全年城镇污水处理厂有 26 家出现超标，主要超标污染物为粪大肠菌群数、总磷、总氮、氨氮、悬浮物、生化需氧量、化学需氧量、动植物油、阴离子表面活性剂和色度。

表 8-3　城镇污水处理厂排放综合及减排指标达标情况　　　　单位：%

指　标	2011 年	2012 年	2013 年	2014 年	2015 年
全省	60	75.7	91.9	95.5	92.7
化学需氧量	99.7	100	99.8	100	99.8
氨氮	96	99	100	100	99.6

8.4 重金属重点监控企业排放情况

2015 年，全省国控重金属污染源废水监测项目全年综合达标率为 96.6%，废气监测项目全年综合达标率为 97.1%；省控重金属污染源废水监测项目全年综合达标率为 91.7%，废气监测项目全年综合达标率为 100%。

全年重金属重点源中有 11 家出现超标，主要超标污染物为 pH 值、铅、总镍、总铜、总砷、化学需氧量、氨氮、氟化物、总氰化合物、铅及化合物和硫酸雾。

表 8-4　重金属企业排放达标情况　　　　　　　　　　　　　　单位:%

控制级别	指标	2012 年	2013 年	2014 年	2015 年
国控	废水	100	99	93.2	96.6
	废气	95.8	87.5	76.7	97.1
省控	废水	100	93.8	95	91.7
	废气	100	100	100	100

8.5 重点污染源自动监测设备比对监测情况

2015 年，全省国控废水重点污染源监测系统比对监测全年综合合格率为 89.8%，其中，化学需氧量比对监测全年综合合格率为 92.5%、氨氮比对监测全年综合合格率为 91.1%。省控废水重点污染源监测系统比对监测全年综合合格率为 87.3%，其中，化学需氧量比对监测全年综合合格率为 91.3%、氨氮比对监测全年综合合格率为 87.3%。

表 8-5　全省废水重点污染源监测系统比对监测合格情况　　　　　单位:%

控制级别	指标	2011 年	2012 年	2013 年	2014 年	2015 年
国控	综合	79.9	88.2	93.4	90.5	89.8
	化学需氧量	80.2	89.3	93.9	91.7	92.5
	氨氮	86.3	89.1	96.6	91.4	91.1
省控	综合	84.4	89.5	92.5	93.3	87.3
	化学需氧量	83.9	90.1	94.6	96.9	91.3
	氨氮	—	94.4	93.3	93.3	87.3

2015 年，全省国控废气重点污染源监测系统比对监测全年综合合格率为 64.3%，其中，二氧化硫比对监测全年综合合格率为 86.1%，氮氧化物比对监测全年综合合格

率为84.1%。省控废气重点污染源监测系统比对监测全年综合合格率为78.9%，其中，二氧化硫比对监测全年综合合格率为91.2%、氮氧化物比对监测全年综合合格率为91%。

表8-6 全省废气重点污染源监测系统比对监测合格情况 单位：%

控制级别	指标	2011年	2012年	2013年	2014年	2015年
国控	综合	52.8	65.6	74.1	70.6	64.3
	二氧化硫	75.3	80.1	86.4	85.6	86.1
	氮氧化物	76.2	88.5	89.4	85.1	84.1
省控	综合	82.5	84	96.8	82.7	78.9
	二氧化硫	90	92.3	98.6	92.8	91.2
	氮氧化物	86.6	88.8	95.5	90.8	91

2015年，全省城镇污水处理厂比对监测全年综合合格率为94.6%。其中，化学需氧量比对监测全年综合合格率为97.7%、氨氮比对监测全年综合合格率为95.7%。

表8-7 全省城镇污水处理厂监测系统比对监测合格情况 单位：%

指标	2011年	2012年	2013年	2014年	2015年
综合	83.2	85.9	96.9	96	94.6
化学需氧量	92.1	91.2	98.2	97.6	97.7
氨氮	83.5	90.2	97.3	97.7	95.7

第三部分　环境质量状况

城市环境空气质量和酸雨

9.1 城市环境空气质量

9.1.1 2015 年城市环境空气

9.1.1.1 按照《环境空气质量标准》(GB 3095—2012) 评价

(1) 全省平均空气质量达标天数比例为 77.9%, 池州和黄山环境空气质量达国家二级标准

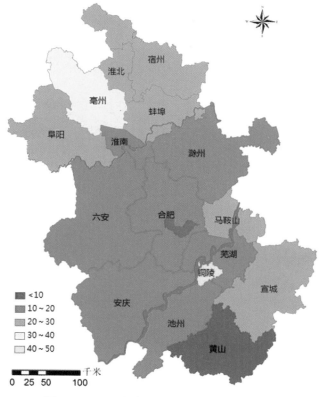

图 9-1 2015 年各市二氧化硫浓度空间分布

① 二氧化硫（SO_2）

2015年全省二氧化硫年均值为22微克/立方米，达到国家二级标准。16个地级城市日均值范围为4微克/立方米～168微克/立方米。除淮北市二氧化硫日均值出现0.3%的超标，其他15个地级城市全年日均值均未超标。16个城市二氧化硫年均值均达标，其中，黄山、六安、滁州、合肥、安庆、池州、淮南和芜湖等8个城市达到国家一级标准，其他8个城市达到国家二级标准。

酸雨控制区的5个市（铜陵、芜湖、马鞍山、宣城、黄山）中黄山和芜湖市二氧化硫年均值达到国家一级标准，其他3个市达到国家二级标准。

表9-1 2015年安徽省城市环境空气监测结果

城市	二氧化硫			二氧化氮			可吸入颗粒物		
	日均值范围（μg/m³）	日均值超标率（%）	年均值（μg/m³）	日均值范围（μg/m³）	日均值超标率（%）	年均值（μg/m³）	日均值范围（μg/m³）	日均值超标率（%）	年均值（μg/m³）
合　肥	4～43	0	16	12～90	0.3	33	13～242	9.0	92
淮　北	7～168	0.3	28	8～84	1.1	37	13～234	9.3	90
亳　州	5～133	0	36	8～120	2.8	37	27～244	6.6	87
宿　州	6～112	0	24	14～80	0	28	24～306	7.1	85
蚌　埠	6～60	0	26	12～82	0.6	35	18～273	8.9	90
阜　阳	6～59	0	24	13～91	0.6	35	14～230	3.0	72
淮　南	5～79	0	20	13～96	0.3	29	32～208	6.8	85
滁　州	6～38	0	15	12～87	0.3	29	16～280	7.7	87
六　安	5～47	0	12	7～83	0.3	20	19～372	9.4	89
马鞍山	5～87	0	24	6～87	1.1	35	10～248	9.6	87
芜　湖	4～91	0	20	12～112	2.7	37	21～304	8.2	81
宣　城	10～64	0	24	14～96	1.1	32	22～313	3.6	75
铜　陵	10～122	0	42	7～83	0.6	36	23～268	9.4	88
池　州	4～96	0	19	7～80	0	22	15～410	2.7	55
安　庆	7～64	0	18	6～94	1.1	29	19～315	3.8	72
黄　山	4～32	0	9	6～34	0	14	11～205	0.3	46
全　省	4～168	—	22	6～120	—	31	10～410	—	80

（续表）

城市	一氧化碳			臭氧			细颗粒物		
	日均值范围（mg/m³）	日均值超标率（%）	日均值第95百分位数（mg/m³）	日均值范围（μg/m³）	日均值超标率（%）	日均值第90百分位数（μg/m³）	日均值范围（μg/m³）	日均值超标率（%）	年均值（μg/m³）
合　肥	0.4～2.2	0	2.0	4～198	0.8	108	9～242	29.2	66
淮　北	0.4～3.3	0	2.2	5～261	0.3	171	10～184	22.5	59
亳　州	0.2～4.5	0	1.8	11～286	2.3	114	13～221	23.3	61
宿　州	0.2～2.7	0	1.9	14～268	1.2	116	8～342	26.6	63
蚌　埠	0.3～2.3	0	1.7	23～189	4.9	128	13～238	26.2	64
阜　阳	0.2～2.9	0	1.6	9～182	13.2	115	5～211	18.4	51
淮　南	0.3～2.3	0	1.6	7～171	0.9	116	6～221	18.7	52
滁　州	0.3～2.1	0.6	1.6	21～109	0.3	63	14～208	28.0	62
六　安	0.4～2.1	0	1.3	16～158	0	90	11～264	18.5	57
马鞍山	0.5～2.9	0	2.2	9～254	0	141	12～222	21.0	61
芜　湖	0.3～2.6	0	1.9	14～217	2.5	72	12～249	21.6	58
宣　城	0.1～5.1	0	2.2	40～228	1.4	101	10～269	18.5	49
铜　陵	0.5～3.4		2.3	19～186	0	102	10～222	21.5	58
池　州	0.3～2.8	0.3	1.4	8～196	2.8	104	5～267	5.5	34
安　庆	0.1～5.4	0	2.8	10～181	0.8	80	10～223	15.6	53
黄　山	0.1～1.2	0.6	0.4	22～152	0.8	80	5～188	5.2	35
全　省	0.1～5.4	—	1.8	4～286	—	106	5～342		55

② 二氧化氮（NO₂）

2015 年全省二氧化氮年均值为 31 微克/立方米，达到国家一级标准。16 个地级城市日均值范围为 6 微克/立方米～120 微克/立方米。除黄山、池州和宿州市二氧化氮日均值均达到国家二级标准外，其他 13 个地级市均出现不同程度的超标，超标率范围为 0.3%～2.8%。16 个地级城市年均值均达国家一级标准。

③ 可吸入颗粒物（PM₁₀）

2015 年全省可吸入颗粒物年均值为 80 微克/立方米，未达到国家二级标准，超标 0.14 倍。16 个地级城市日均值范围为 10 微克/立方米～410 微克/立方米。各市日均值均出现超标，超标率范围为 0.3%～9.6%。除黄山和池州市可吸入颗粒物年均值达到国家二级标准外，其他 14 个城市年均值均超标，超标 0.03 倍～0.31 倍。

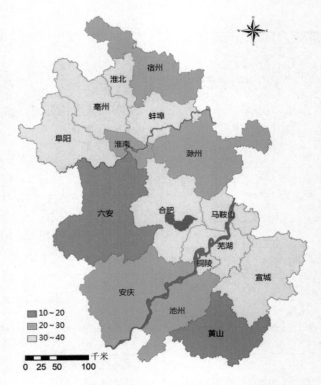

图 9 - 2　2015 年各市二氧化氮浓度空间分布

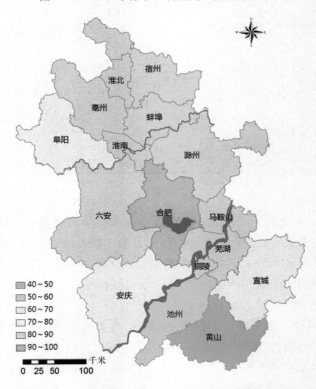

图 9 - 3　2015 年各市可吸入颗粒物浓度空间分布

④ 细颗粒物（PM$_{2.5}$）

2015 年全省细颗粒物年均值为 55 微克/立方米，未达到国家二级标准，超标 0.57 倍。16 个地级城市细颗粒物日均值范围为 5 微克/立方米～342 微克/立方米。各市日均值均出现超标，超标率范围为 5.2%～29.2%。除黄山和池州市细颗粒物年均值达到国家二级标准外，其他 14 个城市年均值均超标，超标 0.40 倍～0.89 倍。

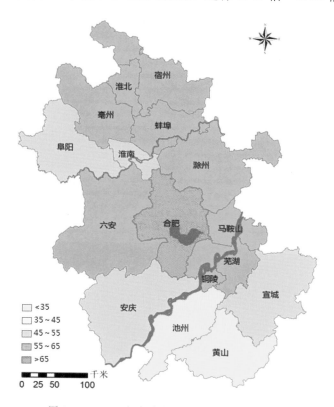

图 9-4　2015 年各市细颗粒物浓度空间分布

⑤ 一氧化碳（CO）

2015 年全省平均一氧化碳日均值第 95 百分位数为 1.8 毫克/立方米，达到国家一级标准。16 个地级城市一氧化碳日均值范围为 0.1 毫克/立方米～5.4 毫克/立方米，亳州、安庆和宣城 3 个城市日均值出现超标，超标率分别为 0.3%、0.6% 和 0.6%。16 个城市日均值第 95 百分位数均达到国家一级标准。

⑥ 臭氧（O$_3$）

2015 年全省平均臭氧日最大 8 小时平均第 90 百分位数为 106 微克/立方米，达到国家二级标准。16 个地级市臭氧日最大 8 小时平均值范围为 4 微克/立方米～286 微克/立方米，除黄山、滁州和六安 3 个城市外，其他城市臭氧日最大 8 小时平均值均出现超标，超标率范围为 0.3%～13.2%。淮北市臭氧日最大 8 小时平均第 90 百分位数未达到国家二级标准，超标 0.07 倍；滁州、芜湖、安庆、黄山和六安 5 个城市达到国家一级标准；其他 10 个城市达到国家二级标准。

⑦ 空气质量达标天数比例

2015 年全省平均空气质量达标天数比例为 77.9%，轻度污染、中度污染和重度以上污染天数比例分别为 16.0%、4.2% 和 1.9%。16 个地级城市空气质量达标天数比例范围为 67.1%（淮北）～94.7%（黄山），黄山和池州市城市空气质量达标天数比例高于 90%。

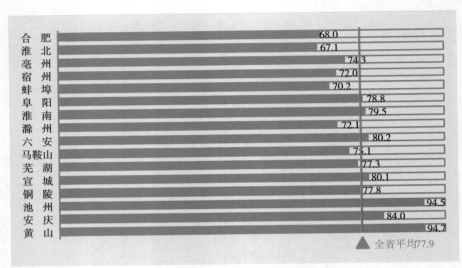

图 9-5　2015 年安徽省城市空气质量达标天数比例

表 9-2　2015 年安徽省城市空气质量级别统计

城市名称	优天数	良天数	轻度污染天数	中度污染天数	重度污染天数	严重污染天数	达标天数	有效天数	达标天数比例%
合　肥	33	205	81	15	16	0	238	350	68.0
淮　北	29	216	89	21	10	0	245	365	67.1
亳　州	33	233	74	12	6	0	266	358	74.3
宿　州	45	215	69	24	7	1	260	361	72.0
蚌　埠	31	207	72	23	6	0	238	339	70.2
阜　阳	73	210	64	8	4	0	283	359	78.8
淮　南	43	224	52	12	5	0	267	336	79.5
滁　州	50	213	76	20	6	0	263	365	72.1
六　安	47	228	51	12	4	1	275	343	80.2
马鞍山	44	228	53	25	12	0	272	362	75.1
芜　湖	61	221	52	24	7	0	282	365	77.3
宣　城	71	211	54	11	4	1	282	352	80.1
铜　陵	48	225	48	21	9	0	273	351	77.8

（续表）

城市名称	优天数	良天数	轻度污染天数	中度污染天数	重度污染天数	严重污染天数	达标天数	有效天数	达标天数比例%
池　州	182	159	12	4	3	1	341	361	94.5
安　庆	92	207	45	6	6	0	299	356	84.0
黄　山	201	139	18	0	1	0	340	359	94.7
全省平均	—	—	—	—	—	—	—	—	77.9

（2）综合污染指数最高的城市是淮北，最低的城市是黄山

2015 年 16 个地级市中，淮北市空气综合污染指数最高，为 5.98；黄山市最低，为 2.76。单项污染物指数最高的均为细颗粒物指数，一氧化碳和二氧化硫单项污染物指数较低。

表 9－3　2015 年安徽省城市空气综合指数排序

序号	城市	ISO_2	INO_2	IPM_{10}	$IPM_{2.5}$	ICO	IO_3	综合指数	最大指数	主要污染物
1	黄　山	0.15	0.35	0.66	1.00	0.10	0.50	2.76	1.00	$PM_{2.5}$
2	池　州	0.32	0.55	0.79	0.97	0.35	0.65	3.62	0.97	$PM_{2.5}$
3	六　安	0.20	0.50	1.27	1.63	0.33	0.56	4.49	1.63	$PM_{2.5}$
4	安　庆	0.30	0.73	1.03	1.51	0.70	0.50	4.77	1.51	$PM_{2.5}$
5	滁　州	0.25	0.73	1.24	1.77	0.40	0.39	4.78	1.77	$PM_{2.5}$
6	宣　城	0.40	0.80	1.07	1.40	0.55	0.63	4.85	1.40	$PM_{2.5}$
7	阜　阳	0.40	0.88	1.03	1.46	0.40	0.72	4.88	1.46	$PM_{2.5}$
7	淮　南	0.33	0.73	1.21	1.49	0.40	0.73	4.88	1.49	$PM_{2.5}$
8	芜　湖	0.33	0.93	1.16	1.66	0.48	0.45	5.00	1.66	$PM_{2.5}$
9	宿　州	0.40	0.70	1.21	1.80	0.48	0.73	5.31	1.80	$PM_{2.5}$
10	合　肥	0.27	0.83	1.31	1.89	0.50	0.68	5.47	1.89	$PM_{2.5}$
11	蚌　埠	0.43	0.88	1.29	1.83	0.43	0.80	5.65	1.83	$PM_{2.5}$
12	亳　州	0.60	0.93	1.24	1.74	0.45	0.71	5.67	1.74	$PM_{2.5}$
13	马鞍山	0.40	0.90	1.24	1.74	0.55	0.88	5.69	1.74	$PM_{2.5}$
14	铜　陵	0.70	0.90	1.26	1.66	0.58	0.64	5.73	1.66	$PM_{2.5}$
15	淮　北	0.47	0.93	1.29	1.69	0.55	1.07	5.98	1.69	$PM_{2.5}$

（3）全省空气质量首要污染物为细颗粒物

2015 年，细颗粒物为全省环境空气质量的首要污染物。16 个地级市细颗粒物日均值均出现不同程度的超标，以细颗粒物为首要污染物的超标天数范围为 19 天（黄山、

池州）～103 天（合肥），全省以细颗粒物为首要污染物的超标天数累计达 1137 天。

表 9 - 4　2015 年安徽省城市空气单因子超标天数

城　市	SO_2 为首要污染物天数	NO_2 为首要污染物天数	PM_{10} 为首要污染物天数	$PM_{2.5}$ 为首要污染物天数	CO 为首要污染物天数	O_3 为首要污染物天数
合　肥	0	0	6	103	0	3
淮　北	0	1	3	74	0	42
亳　州	0	2	0	84	0	5
宿　州	0	0	3	94	0	4
蚌　埠	0	0	6	91	0	4
阜　阳	0	1	0	67	0	8
淮　南	0	0	3	64	0	2
滁　州	0	0	0	102	0	0
六　安	0	0	1	67	0	0
马鞍山	0	0	2	73	0	15
芜　湖	0	3	0	79	0	1
宣　城	0	0	0	66	2	2
铜　陵	0	0	0	78	0	0
池　州	0	0	0	19	0	1
安　庆	0	0	0	57	0	0
黄　山	0	0	0	19	0	0
全　省	0	7	24	1137	2	87

（4）空气质量季节变化明显，冬季污染较重

全省空气中的污染物浓度有明显的季节变化趋势，二氧化硫、二氧化氮、可吸入颗粒物、细颗粒物和一氧化碳五项污染物季节平均浓度夏季最低、冬季最高。臭氧季节平均浓度夏季最高、冬季最低。

9.1.1.2　按照《环境空气质量标准》（GB 3095—1996）评价

全省平均空气质量达标天数比例为 93.3%，16 个地级城市环境空气质量均达国家二级标准。

2015 年，全省二氧化硫年均值达到国家二级标准。除淮北市二氧化硫日均值出现 0.3% 的超标外，其他 15 个地级城市均达到国家二级标准。16 个城市二氧化硫年均值均达标，其中，黄山、六安、滁州、合肥、安庆、池州、淮南和芜湖 8 个城市达到国家一级标准，其他 8 个城市均达到国家二级标准。

全省二氧化氮年均值达到国家一级标准。16 个地级市二氧化氮日均值均达到国家二级标准，年均值均达国家一级标准。

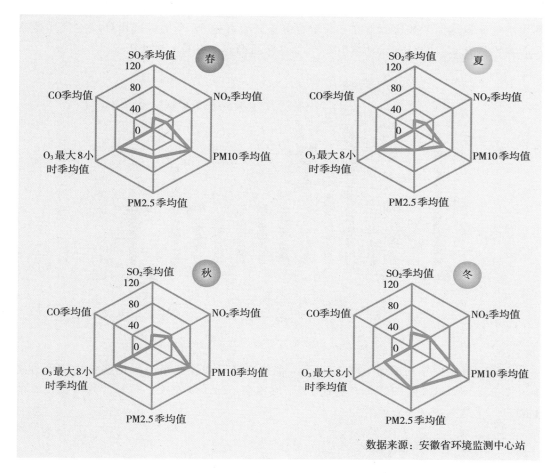

数据来源：安徽省环境监测中心站

图 9-6 2015 年主要污染物浓度季节变化趋势

全省可吸入颗粒物年均值达到国家二级标准。16 个地级市可吸入颗粒物日均值均出现超标，超标率范围为 0.3%（黄山）～9.6%（马鞍山）。16 个地级市可吸入颗粒物年均值均达到国家二级标准。

2015 年，全省平均空气质量达标天数比例为 93.3%，轻微污染和轻度污染天数比例分别为 6.3% 和 0.3%，未出现中度污染、中重度污染和重污染天气。16 个地级市空气质量优良天数比例范围为 90.4%（淮北、马鞍山）～99.7%（黄山）。

可吸入颗粒物为全省环境空气质量的首要污染物。16 个地级城市可吸入颗粒物日均值均出现不同程度的超标，以可吸入颗粒物为首要污染物的超标天数范围为 1 天（黄山）～35 天（马鞍山），全省以可吸入颗粒物为首要污染物的超标天数累计达 382 天。

9.1.1.3 年际比较

（1）按照《环境空气质量标准》（GB 3095—1996）评价，与上年相比，全省平均达标天数比例上升 5.2 个百分点；二氧化硫和可吸入颗粒物浓度分别下降 15.4% 和 15.8%，二氧化氮浓度上升 3.3%。

与上年相比，全省平均环境空气质量达标天数比例上升 5.2 个百分点。除池州市环境空气质量达标天数比例下降 1.9 个百分点外，其他 15 个地级城市环境空气质量达标天数比例有 0.5 个百分点（黄山）～12.9 个百分点（蚌埠）的上升。

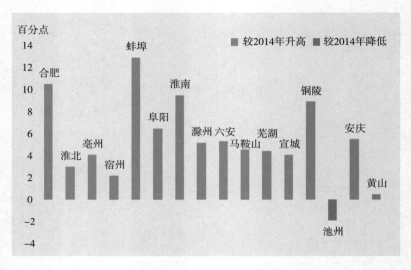

图 9 - 7   2015 年安徽省城市优良天数比例变化

全省二氧化硫年均浓度下降 15.4%。亳州、蚌埠和淮北市二氧化硫年均浓度分别上升 2.9%、13.0% 和 21.7%。其他 13 个城市有 5.3%（安庆）～35.7%（黄山）的下降。

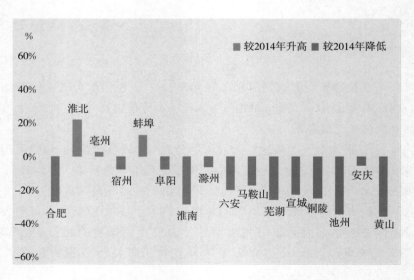

图 9 - 8   2015 年各市二氧化硫浓度均值变化

全省二氧化氮年均浓度上升 3.3%。池州、黄山、蚌埠、宿州、六安、安庆和铜陵市等 7 个城市二氧化氮年均浓度有 2.7%（铜陵）～26.7%（池州）的下降；马鞍山和淮北持平；其他 7 个城市有 5.7%（亳州）～45.0%（滁州）的上升。

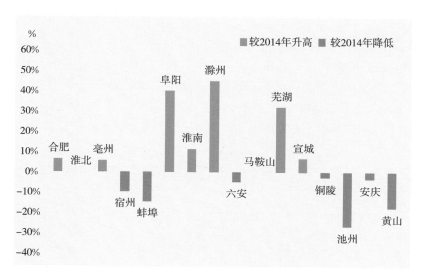

图9-9 2015年各市二氧化氮浓度均值变化

可吸入颗粒物年均浓度下降15.8%。16个地级城市可吸入颗粒物年均浓度均有不同程度的下降，下降幅度范围为6.8%（池州）～21.7%（蚌埠）。

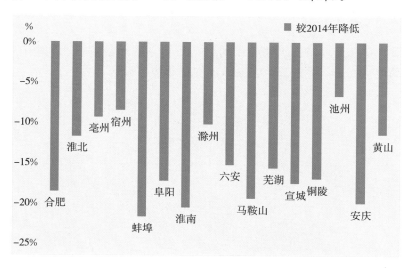

图9-10 2015年各市可吸入颗粒物浓度均值变化

（2）按照《环境空气质量标准》（GB 3095—2012）评价，可比的合肥、芜湖和马鞍山市空气质量达标天数比例均有所上升。

与上年相比，合肥、芜湖和马鞍山市空气质量达标天数比例分别上升20.8、8.5和6.5个百分点，重污染天数分别减少11天、6天和1天。

与上年相比，合肥、芜湖和马鞍山市细颗粒物年均值浓度分别下降20.5%、13.4%和10.3%；一氧化碳日均值第95百分位数分别下降4.8%、31.3%和13.6%；合肥市臭氧日最大8小时平均第90百分位数上升5.9%，芜湖和马鞍山市分别下降1.4%和19.1%。

9.1.2 变化趋势

（1）达标城市比例

"十二五"期间，16个地级城市环境空气质量主要以二级和三级为主，未出现一级和劣三级城市，其中，二级城市比例年度变化较大，在2015年达到100%。与"十一五"末相比，2015年环境空气质量达国家二级标准的城市比例上升6.2个百分点。

表9-5 "十二五"期间安徽省不同空气质量级别城市比例

城市比例	2010 年	2011 年	2012 年	2013 年	2014 年	2015 年
一级（%）	0	0	0	0	0	0
二级（%）	93.8	88.0	93.8	56.2	56.2	100
三级（%）	6.2	12.0	6.2	43.8	43.8	0
劣三级（%）	0	0	0	0	0	0

（2）全省平均二氧化氮年均浓度显著上升，二氧化硫和可吸入颗粒物浓度变化趋势不显著

全省二氧化硫年均浓度变化趋势不显著，总体呈下降趋势，与"十一五"末相比，2015年全省二氧化硫年均浓度下降18.5%。"十二五"期间，合肥、淮南、滁州、宣城、安庆和黄山等6个城市二氧化硫年均值呈显著下降趋势，淮北和亳州市2个城市二氧化硫年均值呈显著上升趋势，其他城市变化趋势不显著。

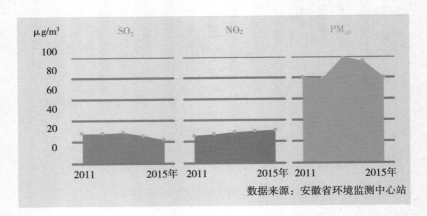

数据来源：安徽省环境监测中心站

图9-11 "十二五"期间主要污染物浓度化趋势

全省二氧化氮年均浓度呈显著上升趋势，与"十一五"末相比，2015年全省二氧化氮年均浓度上升19.2%。"十二五"期间，六安市年均浓度呈显著下降趋势，淮北、亳州、阜阳、宣城和铜陵市等5个城市二氧化氮年均值呈显著上升趋势，其他城市变化趋势不显著。

全省可吸入颗粒物年均浓度变化趋势不显著，2013年达到高峰后呈逐年下降趋势，与"十一五"末相比，2015年全省可吸入颗粒物年均浓度下降1.2%。"十二五"期

间，六安市年均值呈显著上升趋势，其他城市变化趋势不显著。

（3）全省空气质量优良天数比例变化趋势不显著

全省空气质量优良天数比例变化趋势不显著，与"十一五"末相比，2015年全省空气质量优良天数比例下降2.9个百分点。六安市呈显著下降趋势，其他城市变化趋势不显著。

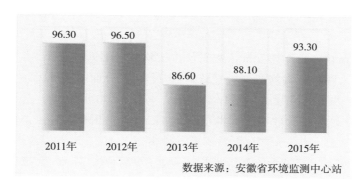

数据来源：安徽省环境监测中心站

图9-12　"十二五"全省平均达标天数比例变化趋势

（4）全省综合污染指数有所下降

全省综合污染指数变化趋势不显著，与"十一五"末相比，2015年全省综合污染指数下降0.03。亳州市综合污染指数呈显著上升趋势，安庆市综合污染指数呈显著下降趋势，其他城市变化趋势不显著。

表9-6　"十二五"期间安徽省空气质量综合污染指数统计结果及秩相关系数

单位：无量纲

城　市	2010年	2011年	2012年	2013年	2014年	2015年	秩相关系数	变化趋势
合　肥	1.87	1.88	1.82	1.98	1.89	1.60	−0.200	—
淮　北	1.53	1.61	1.51	1.76	1.86	1.83	0.800	—
亳　州	1.77	1.67	1.72	1.85	1.98	1.93	0.900	显著上升
宿　州	1.45	1.41	1.66	1.87	1.75	1.60	0.300	—
蚌　埠	1.64	1.62	1.57	2.02	2.04	1.77	0.600	—
阜　阳	1.21	1.13	1.51	1.75	1.61	1.56	0.600	—
淮　南	1.73	1.81	1.92	2.00	1.87	1.54	−0.300	—
滁　州	1.69	1.68	1.48	1.73	1.49	1.48	−0.359	—
六　安	1.46	1.53	1.68	1.71	1.56	1.34	−0.300	—
马鞍山	1.76	1.74	1.73	2.32	2.00	1.71	−0.200	—
芜　湖	1.61	1.74	1.36	1.73	1.76	1.60	0	—
宣　城	1.18	1.61	1.83	1.86	1.81	1.55	−0.300	—
铜　陵	2.20	1.99	1.91	2.39	2.45	2.03	0.600	—

（续表）

城 市	2010 年	2011 年	2012 年	2013 年	2014 年	2015 年	秩相关系数	变化趋势
池 州	1.15	1.16	1.13	1.54	1.45	1.15	0.100	—
安 庆	2.12	1.98	1.74	1.98	1.60	1.38	−0.821	显著下降
黄 山	0.99	0.96	1.01	0.98	0.96	0.79	−0.564	
全 省	1.59	1.60	1.60	1.83	1.76	1.56	−0.154	—

（5）可吸入颗粒物日均浓度低值和高值占比均有所上升

对全省可吸入颗粒物日均浓度分级统计，"十二五"期间，可吸入颗粒物日均浓度在 0～50 微克/立方米的天数逐年增加，其中，2015 年达到 60 天，与"十一五"末相比，增加 53 天，在全年有效监测天数所占比例上升 14.5 个百分点；可吸入颗粒物日均浓度高于 150 微克/立方米的天数最多的出现在 2013 年，为 40 天，2015 年为 14 天，比 2013 年减少 26 天。与"十一五"末相比，2015 年高于 150 微克/立方米的天数增加 11 天，在全年有效监测天数所占比例上升 3.0 个百分点。

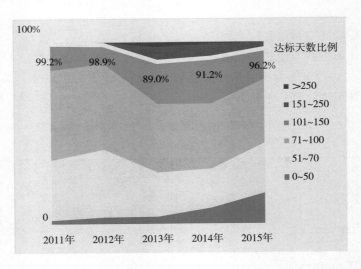

图 9-13 PM₁₀ 日均浓度分极天数比例年际变化

表 9-7 2010—2015 年全省 PM₁₀ 日均浓度分布及浓度贡献分析

PM₁₀ 浓度分级（微克/立方米）	分级统计项目		2010 年	2011 年	2012 年	2013 年	2014 年	2015 年
0～50	日分布情况	天数（天）	7	7	13	14	31	60
		全年占比（%）	1.9	1.9	3.6	3.8	8.5	16.4
	浓度贡献	平均浓度	48	49	49	45	45	39
		对全年贡献（%）	1.1	1.2	2.2	1.7	4.1	8.1

（续表）

PM₁₀浓度分级（微克/立方米）	分级统计项目		2010 年	2011 年	2012 年	2013 年	2014 年	2015 年
51～70	日分布情况	天数（天）	137	120	135	88	78	100
		全年占比（%）	37.5	32.9	37.0	24.1	21.4	27.4
	浓度贡献	平均浓度	62	63	61	62	60	61
		对全年贡献（%）	28.6	25.7	27.9	15.0	13.7	21.0
71～100	日分布情况	天数（天）	152	182	174	138	131	129
		全年占比（%）	41.6	49.9	47.7	37.8	35.9	35.3
	浓度贡献	平均浓度	82	82	84	85	85	84
		对全年贡献（%）	42.3	50.9	49.5	32.5	32.4	37.3
101～150	日分布情况	天数（天）	66	53	39	85	93	62
		全年占比（%）	18.1	14.5	10.7	23.3	25.5	17.0
	浓度贡献	平均浓度	115	114	114	121	118	119
		对全年贡献（%）	25.7	20.6	15.8	28.5	31.9	25.5
151～250	日分布情况	天数（天）	2	3	4	31	29	14
		全年占比（%）	0.5	0.8	1.1	8.5	8.0	3.8
	浓度贡献	平均浓度	184	160	160	178	183	167
		对全年贡献（%）	1.2	1.6	2.6	15.3	15.4	8.1
>250	日分布情况	天数（天）	1	—	—	9	3	—
		全年占比（%）	0.3	—	—	2.5	0.8	—
	浓度贡献	平均浓度	308	—	—	280	289	—
		对全年贡献（%）	1.0	—	—	7.0	2.5	—

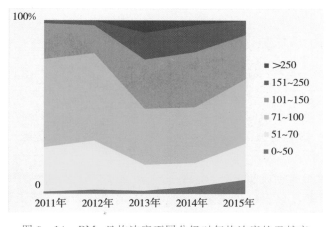

图 9-14 PM₁₀日均浓度不同分级对年均浓度的贡献率

从可吸入颗粒物日均不同浓度分级对全年可吸入颗粒物年均浓度的贡献来看，"十二五"期间，在0～50微克/立方米区间的PM$_{10}$日均浓度对全年可吸入颗粒物年均浓度的贡献呈上升趋势，与"十一五"末相比，2015年上升7.0个百分点；高于150微克/立方米区间的可吸入颗粒物日均浓度对全年可吸入颗粒物年均浓度的贡献呈先上升后下降趋势，2013年最高为22.3%，2015年下降至8.1%，与"十一五"末相比，2015年上升5.9个百分点。

（6）全省可吸入颗粒物日均浓度分布季节差异明显

从2015年可吸入颗粒物日均浓度分布时段来看，小于等于70微克/立方米和71～100微克/立方米分布于各个月份中，相对来说，前者在夏季出现频次多、后者在夏季出现频次少；101～150微克/立方米主要分布在秋冬季和春末夏初；高于150微克/立方米主要分布在秋冬季节。

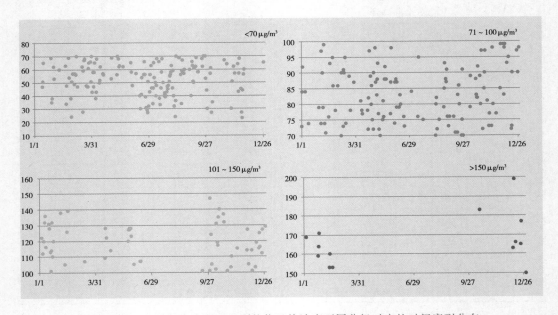

图9-15　2015年全省可吸入颗粒物日均浓度不同分级对应的时间序列分布

9.1.3　2006—2015年变化趋势

2006—2015年，全省二氧化硫年均浓度显著下降，与2006年相比，2015年全省二氧化硫年均浓度下降33.3%；二氧化氮年均浓度变化趋势不明显，与2006年相比，2015年全省二氧化氮年均浓度下降8.8%；可吸入颗粒物年均浓度除2013年和2014年较高外，其他年份变化不大，与2006年相比，2015年全省可吸入颗粒物年均浓度持平。

2006—2012年全省空气质量达标天数比例基本持平，2013年开始全省空气质量达标天数比例有所下降，与2006年相比，2015年全省空气质量达标天数比例下降2.8个百分点。

9.1.4 主要环境问题及变化原因分析

（1）颗粒物为全省空气质量主要污染物

"十二五"期间，16个城市可吸入颗粒物日均值均出现了不同程度的超标。2013年和2014年可吸入颗粒物污染影响尤为严重，2015年全省可吸入颗粒物年均浓度与2010年基本持平。从2015年按照《环境空气质量标准》（GB 3095—2012）开展的监测结果来看，细颗粒物成为影响全省空气质量的首要污染物。2015年，全省以细颗粒物为首要污染物的超标天数累计达1137天，以可吸入颗粒物为首要污染物的超标天数累计仅24天。

（2）全省二氧化氮平均浓度显著上升

"十二五"期间，全省二氧化氮年均浓度呈显著上升趋势，与"十一五"相比，2015年全省二氧化氮年均浓度上升19.2%，淮北、亳州、阜阳、宣城和铜陵等5个城市二氧化氮年均值呈显著上升趋势。选取国民经济和社会发展的相关指标与全省二氧化氮浓度做相关性分析发现，全省民用汽车拥有量与全省二氧化氮浓度呈线性正相关，相关系数为0.946，全省民用汽车拥有量的逐年增长对二氧化氮浓度的升高带来了一定的影响。

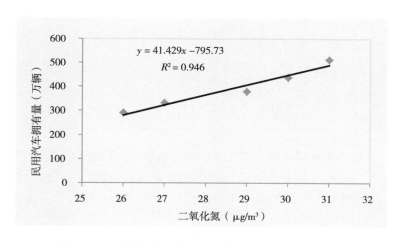

图9-16　民用汽车拥有量与二氧化氮浓度关联性分析

9.2　酸雨

9.2.1　2015年酸雨现状

2015年，全省16个地级城市开展了酸雨监测，监测结果见表9-8。

（1）全省平均酸雨频率8.1%，全省有8个城市出现至少1次酸雨，酸控区有4个城市出现至少1次酸雨

表 9-8　2015 年安徽省降水 pH 值和酸雨频率监测结果

城市名称	降水量（mm）	样本数	酸雨样本数	酸雨频率%	降水年均 pH 值
合肥	2577.5	182	10	5.5	6.09
淮北	869.8	56	0	0	7.08
亳州	1438.7	96	0	0	6.90
宿州	1266.3	74	0	0	6.94
蚌埠	2518.4	195	0	0	6.60
阜阳	947.8	132	0	0	6.25
淮南	1102.6	62	0	0	6.49
滁州	1541.2	104	3	2.9	6.28
六安	2429.5	107	0	0	6.78
马鞍山	4072.2	220	3	1.4	6.48
芜湖	6027.3	169	0	0	5.92
宣城	2726.0	151	4	2.6	6.34
铜陵	3391.0	209	9	4.3	6.38
池州	2259.6	87	26	29.9	5.44
安庆	3708.5	233	20	8.6	5.79
黄山	4610.3	144	104	72.2	5.32
全省	41486.8	2221	179	8.1	5.90
酸控区	20826.8	893	120	13.4	5.79

2015 年，全省平均酸雨频率为 8.1%。16 个城市中，马鞍山、宣城、滁州、铜陵、合肥、安庆、池州和黄山等 8 个城市出现了酸雨，占 50.0%；其中，马鞍山、宣城、滁州、铜陵、合肥和安庆等 6 个城市酸雨频率均小于 10%；池州和黄山市酸雨频率分别为 29.9% 和 72.2%。

全省酸控区（芜湖、马鞍山、铜陵、黄山、宣城）平均酸雨频率为 13.4%。除芜湖市外，其他 4 个城市均出现酸雨。

（2）降水 pH 均值全省为 5.90，酸控区为 5.79

2015 年，全省 16 个城市降水年均 pH 值为 5.90，各市降水年均 pH 值范围为 5.32（黄山）～7.08（淮北）。池州和黄山市为轻酸雨城市，降水年均 pH 值分别为 5.44 和 5.32。

酸控区降水年均 pH 值为 5.79，城市降水年均 pH 值在 5.32（黄山）～6.48（马鞍山）之间。

（3）降水中离子组分主要为硫酸根离子、硝酸根离子和钙离子

2015 年全省降水中的主要阳离子为钙离子，占离子总当量的 19.0%；降水中主要阴离子为硫酸根离子和硝酸根离子，分别占离子总当量的 35.9% 和 19.6%。降水中硫酸根和硝酸根的当量浓度比值为 1.8∶1，硫酸盐仍为主要致酸物质。

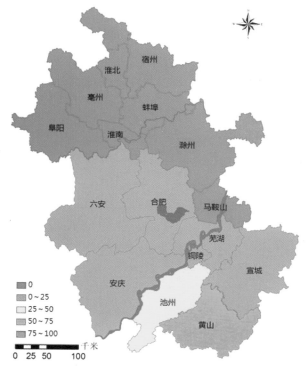

图 9 - 17　2015 年各市酸雨频率空间分布

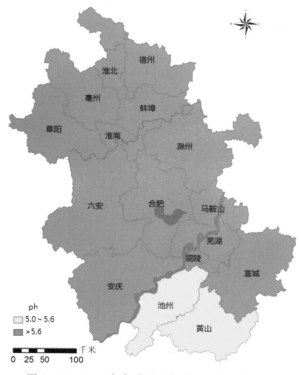

图 9 - 18　2015 年各市酸雨年均 pH 值空间分布

酸控区降水中的主要阳离子为钙离子，占离子总当量的 22.0%；降水中主要阴离子为硫酸根离子和硝酸根离子，分别占离子总当量的 29.9% 和 14.4%。降水中硫酸根和硝酸根的当量浓度比值为 2.1：1。

表 9-9　2015 年安徽省降水离子组分监测结果　　　　单位：mg/L

城市名称	SO_4^{2-}	NO_3^-	F^-	Cl^-	NH_4^+	Ca^{2+}	Mg^{2+}	Na^+	K^+
合　肥	3.77	3.18	0.12	0.79	1.46	1.39	0.18	0.27	0.41
淮　北	7.02	1.94	0.13	1.58	0.09	7.63	0.64	1.21	0.31
亳　州	10.65	10.37	0.15	0.52	1.09	1.04	0.49	0.20	0.89
宿　州	6.60	0.71	0.19	1.07	0.80	2.13	0.83	2.95	5.93
蚌　埠	5.49	7.44	0.30	1.13	1.28	3.77	0.37	0.72	0.42
阜　阳	5.13	5.85	0.22	0.59	1.34	1.55	0.13	0.16	0.30
淮　南	3.37	2.12	0.08	0.52	1.19	0.96	0.21	0.34	0.19
滁　州	10.30	6.26	0.74	1.94	3.71	3.39	0.49	1.79	1.99
六　安	11.56	2.51	0.15	3.53	0.33	1.23	1.29	0.27	0.25
马鞍山	5.08	2.62	0.15	0.92	1.07	4.94	0.33	0.74	0.48
芜　湖	4.46	0.62	0.15	0.88	1.25	1.82	0.16	0.42	0.21
宣　城	4.08	5.40	0.10	0.62	1.01	4.64	0.75	0.72	1.15
铜　陵	7.25	2.57	0.12	0.54	1.59	5.59	0.22	0.17	0.28
池　州	3.90	1.77	0.12	0.76	1.15	1.64	0.21	0.36	0.44
安　庆	3.93	0.54	0.17	0.83	1.03	2.21	0.27	0.33	0.23
黄　山	1.44	1.18	0.02	0.17	0.37	0.79	0.09	0.12	0.11
全　省	5.20	2.84	0.16	0.91	1.14	2.74	0.35	0.53	0.59
酸控区	4.32	2.08	0.11	0.64	1.04	3.19	0.26	0.41	0.37

（4）秋冬季是酸雨污染较重的季节

统计结果表明，秋冬季全省和酸控区平均酸雨频率较高，平均降水 pH 值较低。秋冬季酸雨污染状况较春夏季略重。

表 9-10　2015 年安徽省及酸控区酸雨季节变化

项　目	区域	冬季	春季	夏季	秋季
季均 pH 值	全省	5.65	6.00	5.96	5.79
	酸控区	5.53	5.84	5.88	5.79
酸雨频率%	全省	9.0	5.5	7.6	11.4
	酸控区	13.3	10.6	12.7	18.0

（5）与上年相比，全省及酸控区酸雨污染状况均有所减轻

2015 年较上年，全省及酸控区酸雨频率分别下降 2.0 和 8.2 个百分点，16 个城市中，宣城、铜陵、黄山、芜湖、池州、马鞍山和滁州等 7 个城市酸雨频率均有不同程度的下降，其中宣城市下降幅度最大（10.3 个百分点）；安庆和合肥市分别上升 8.6 和 1.0 个百分点；其他 7 个城市均未出现酸雨。

全省和酸控区年均降水年均 pH 值分别上升 0.15 和 0.30。16 个城市中，芜湖、黄山、马鞍山、宣城、亳州、宿州和铜陵等 7 个城市降水年均 pH 值有不同程度的上升，其中上升幅度最大的是铜陵（0.84）；六安市降水年均 pH 值持平；其他 8 个城市有不同程度的下降，其中下降幅度最大的是安庆市（0.68）。

9.2.2　酸雨变化趋势

"十二五"期间，全省酸雨频率显著下降，酸雨频率在 0～25% 之间的城市比例呈显著上升趋势，酸雨频率大于 50% 的城市比例有所下降，其他无明显变化。全省降水年均 pH 值显著上升，年均 pH 值为非酸雨区的城市比例显著上升，年均 pH 值为中酸雨区的城市比例显著下降。全省酸雨平均污染状况显著好转。

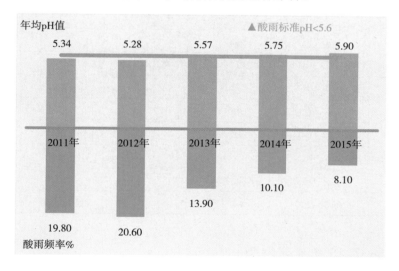

图 9-19　2015 年各市二氧化硫浓度空间分布

与"十一五"末相比，2015 年全省平均酸雨频率下降 13.4 个百分点，降水年均 pH 值上升 0.77。酸控区平均酸雨频率下降 17.8 个百分点，年均 pH 值上升 1.36，全省酸雨污染状况有所好转。

合肥市酸雨频率显著上升，年均 pH 值显著下降，酸雨污染状况明显加重；蚌埠、宣城、铜陵市酸雨频率显著下降，年均 pH 值显著上升，酸雨污染状况明显好转；滁州市酸雨频率显著下降，年均 pH 值也有所上升，酸雨污染状况有所好转；其他城市酸雨污染状况变化不明显。

"十二五"期间，全省硫酸根和硝酸根的当量浓度比值呈下降趋势，硫酸盐对降水酸度的贡献率逐渐减弱。

表 9-11　"十二五"期间酸雨频率变化

年度	酸雨频率（%）	各频段城市的比例				
		0	0～25	25～50	50～75	≥75
2010	21.5	47.1	29.4	11.8	5.9	5.9
2011	19.8	50.0	31.3	6.3	6.3	6.3
2012	20.6	50.0	31.3	6.3	0	12.5
2013	13.9	56.3	31.3	0	0	12.5
2014	10.1	50.0	37.5	6.3	0	6.3
2015	8.1	50.0	37.5	6.3	0	6.3
秩相关系数	−0.900	0	0.866	0	−0.707	−0.289
变化趋势	显著下降	—	显著上升	—	—	—

表 9-12　"十二五"期间各酸度区段城市的比例变化

年度	年均 pH 值	各酸度区段城市的比例			
		＞5.6	5.0～5.6	4.5～5.0	＜4.5
2010	5.13	82.4	0.0	5.9	11.8
2011	5.34	75.0	12.5	12.5	0
2012	5.28	75.0	12.5	12.5	0
2013	5.57	81.2	12.5	6.3	0
2014	5.75	81.2	18.8	0	0
2015	5.90	87.5	12.5	0	0
秩相关系数	0.900	0.949	0.354	−0.949	0
变化趋势	显著上升	显著上升	—	显著下降	—

9.2.3　2006—2015 年变化趋势

2006—2015 年，全省平均酸雨频率显著下降，降水年均 pH 值显著上升，酸雨污染状况明显好转。降水中硫酸根和硝酸根的当量浓度比值呈下降趋势。与 2006 年相比，2015 年全省酸雨频率下降 18.2 个百分点，年均 pH 值上升 0.90。

9.2.4　主要环境问题及变化原因分析

"十二五"期间，全省酸雨污染状况显著好转，硫酸根和硝酸根的当量浓度比值呈下降趋势。对全省酸雨频率、年均 pH 值和全省二氧化硫排放总量做相关性分析，分析结果显示：酸雨频率与二氧化硫排放总量成线性正相关，相关系数为 0.951，年均 pH 值与二氧化硫排放总量成线性负相关，相关系数为 0.945。说明全省实施的二氧化硫减排相关措施是全省酸雨污染状况好转的主要原因。

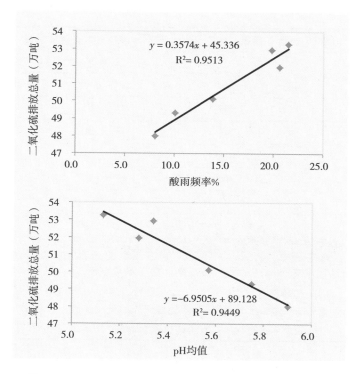

图 9-20 "十二五"期间全省酸雨频率和年均 pH 值变化

《环境空气质量标准》（GB 3095—1996）评价标准与方法			

评价指标为二氧化硫（SO_2）、二氧化氮（NO_2）和可吸入颗粒物（PM_{10}）。

单项污染物级别由该项污染物年平均值对照环境空气质量年平均标准确定。SO_2、NO_2 和 PM_{10} 中最差一个单项污染物级别即为空气质量级别。达到或好于国家环境空气质量二级标准为达标（一级和二级），超过二级标准为超标。

《环境空气质量标准》（GB 3095—1996）部分污染物浓度限值

污染物名称	取值时间	浓度限值/（mg/m^3 标准状态）		
		一级标准	二级标准	三级标准
二氧化硫（SO_2）	年平均	0.02	0.06	0.10
二氧化氮（NO_2）	年平均	0.04	0.08	0.08
可吸入颗粒物（PM_{10}）	年平均	0.04	0.10	0.15

《环境空气质量标准》（GB 3095—2012）评价标准与方法			

评价指标为二氧化硫（SO_2）、二氧化氮（NO_2）、可吸入颗粒物（PM_{10}）、细颗粒物（$PM_{2.5}$）、一氧化碳（CO）和臭氧（O_3）。

单项污染物级别由该项污染物年平均值对照环境空气质量年平均标准确定。SO_2、NO_2、PM_{10}、$PM_{2.5}$、CO 和 O_3 中最差一个单项污染物级别即为空气质量级别。达到或好于国家环境空气质量二级标准为达标（一级和二级），超过二级标准为超标。

（续表）

《环境空气质量标准》（GB 3095—2012）部分污染物浓度限值			
污染物名称	取值时间	浓度限值/（μg/m³ 标准状态）	
		一级	二级
二氧化硫（SO_2）	年平均	20	60
二氧化氮（NO_2）	年平均	40	40
可吸入颗粒物（PM_{10}）	年平均	40	70
细颗粒物（$PM_{2.5}$）	年平均	15	35
一氧化碳（CO）	24 小时平均	4（mg/m³）	4（mg/m³）
臭氧（O_3）	日最大 8 小时平均	100	160
酸雨评价方法			

酸雨评价因子主要有降水 pH 值、酸雨频率、离子浓度（SO_4^{2-}、NO_3^-、F^-、Cl^-、NH_4^+、Ca^{2+}、Mg^{2+}、Na^+ 和 K^+）和降水量等。

采用降水 pH 值低于 5.6 作为酸雨判据，pH 值低于 5.0 为较重酸雨，低于 4.5 为重酸雨。酸雨城市指降水 pH 年均值低于 5.6 的城市，酸雨区指降水 pH 年均值低于 5.6 的区域。

⑩ 水 环 境

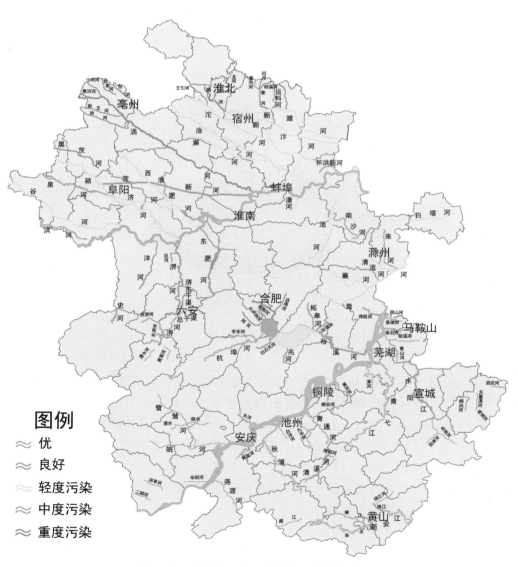

图例
≈ 优
≈ 良好
≈ 轻度污染
≈ 中度污染
≈ 重度污染

图 10-1 2015 年全省主要河流水质状况示意图

10.1 地表水水质状况

10.1.1 2015 年地表水水质状况

（1）总体水质状况

① 地表水总体为轻度污染，68.3%的断面（点位）水质优良

2015 年，全省对 100 条河流、184 个断面，28 座湖泊水库、62 个点位进行了监测，地表水总体为轻度污染。监测的 246 个国、省控断面（点位）中，水质为 Ⅰ～Ⅲ类的占 68.3%，Ⅳ～Ⅴ类的占 22.8%，劣 Ⅴ 类的占 8.9%。全省地表水国、省控断面高锰酸盐指数年均浓度为 4.05 毫克/升，氨氮年均浓度为 0.614 毫克/升，均达到地表水Ⅲ类水质标准。

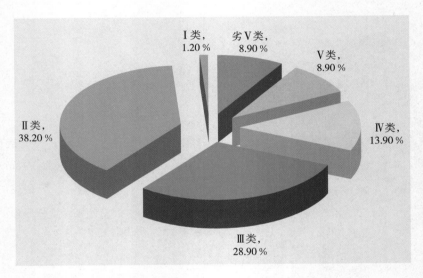

图 10 - 2　2015 年全省地表水水质类别比例

② 主要污染指标

全省地表水主要污染指标为化学需氧量、总磷和五日生化需氧量。

江河水系水质断面监测因子年均值出现超Ⅲ类水质标准的有溶解氧、高锰酸盐指数、五日生化需氧量、氨氮、石油类、挥发酚、化学需氧量、总磷、氟化物和阴离子表面活性剂等 10 项。超标断面数最多的项目依次是化学需氧量、五日生化需氧量和高锰酸盐指数，分别是 58 个、49 个和 46 个，是全省江河水系的主要污染指标。

湖泊、水库水质测点监测因子年均值出现超Ⅲ类水质标准的是总磷，有 12 个，是全省湖泊、水库的主要污染指标。

③ 巢湖流域污染较重

全省地表水中，淮河流域总体水质为轻度污染，巢湖流域总体水质为中度污染，长江流域总体水质状况为良好，新安江流域总体水质状况为优。

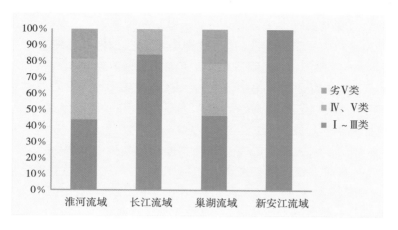

图 10-3　2015 年安徽省四大流域水质类别比例

④ 与上年相比，总体水质无明显变化

与上年相比，全省地表水总体水质状况仍为轻度污染，水质优良的断面（点位）比例上升 0.4 个百分点，重度污染的断面（点位）比例下降 0.9 个百分点。

省辖淮河流域总体水质由中度污染好转为轻度污染。长江流域、新安江流域及其他湖库总体水质均无明显变化。

巢湖全湖及东、西半湖水质无明显变化，全湖和东半湖区营养状态无明显变化，西半湖区营养状态由中度富营养好转为轻度富营养。出、入湖河流总体水质无明显变化。

（2）淮河流域

① 淮河流域总体为轻度污染，43.7％的断面水质优良

2015 年，省辖淮河流域总体水质状况为轻度污染，45 条河流 87 个监测断面中，43.7％（38 个）的断面水质状况优良，Ⅰ～Ⅲ类水质；20.7％（18 个）的断面水质状

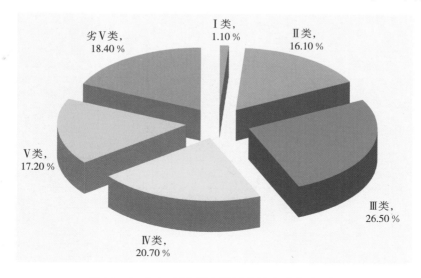

图 10-4　2015 年安徽省淮河流域水质类别比例

况为轻度污染，Ⅳ类水质；17.2%（15个）的断面水质状况为中度污染，Ⅴ类水质；18.4%（16个）的断面水质状况为重度污染，劣Ⅴ类水质。

②主要污染指标为化学需氧量、高锰酸盐指数和五日生化需氧量

省辖淮河流域水质断面监测因子年均值出现超标的有溶解氧、高锰酸盐指数、五日生化需氧量、氨氮、石油类、化学需氧量、总磷和氟化物等8项。超标断面数最多的项目依次是化学需氧量、高锰酸盐指数和五日生化需氧量，分别是47个、42个和36个，是淮河流域主要污染指标。

化学需氧量年均值超标最重的是包河颜集断面，超标2.6倍；高锰酸盐指数年均值超标最重的是运料河下楼公路桥断面，超标1.0倍；五日生化需氧量年均值超标最重的是武家河五马断面，超标2.4倍。

③干流水质优，出境水质好于入境水质

淮河干流安徽段总体水质状况为优，12个监测断面中，除入境断面水质为Ⅳ类外，境内及出境11个断面水质均为Ⅱ类或Ⅲ类，境内及出境断面水质好于入境水质。从主要污染物浓度沿程变化趋势来看，境内及出境断面污染物浓度低于入境断面污染物浓度。

表10-1　2015年淮河流域监测结果统计　　　单位：mg/L，pH无量纲

监测项目	断面数/个	超标断面数/个	劣Ⅴ类断面数	断面超标率	监测结果			最大超标断面	
					最小值	最大值	平均值	断面名称	超标倍数
pH值	87	0	0	0	7.12	8.57	7.67	—	—
溶解氧	87	6	0	6.9%	4.66	11.70	6.93	包河颜集	0.1
高锰酸盐指数	87	42	0	48.3%	1.23	11.74	5.96	运料河下楼公路桥	1.0
五日生化需氧量	87	36	10	41.4%	1.00	13.61	4.67	武家河五马	2.4
氨氮	87	15	7	17.2%	0.05	6.33	0.77	龙河浮绥	5.3
石油类	87	7	0	8.0%	0.0025	0.074	0.021	奎河杨庄	0.5
挥发酚	87	0	0	0	0.00015	0.0038	0.0008	—	—
汞	87	0	0	0	8×10^{-7}	6×10^{-5}	3×10^{-5}	—	—
铅	87	0	0	0	0.0005	0.0117	0.0034	—	—
化学需氧量	87	47	10	54.0%	5.0	72.67	25.53	包河颜集	2.6
总磷	87	31	10	35.6%	0.018	1.54	0.214	小洪河古井	6.7
铜	87	0	0	0	0.0015	0.0303	0.0078	—	—
锌	87	0	0	0	0.0025	0.1454	0.0286	—	—

（续表）

监测项目	断面数/个	超标断面数/个	劣Ⅴ类断面数	断面超标率	监测结果			最大超标断面	
					最小值	最大值	平均值	断面名称	超标倍数
氟化物	87	16	0	18.4%	0.150	1.426	0.681	黑茨河张大桥	0.4
硒	87	0	0	0	0.00002	0.0016	0.0005	—	—
砷	87	0	0	0	0.00005	0.0084	0.0027	—	—
镉	87	0	0	0	0.00003	0.0025	0.00063	—	—
铬（六价）	87	0	0	0	0.0020	0.0146	0.0038	—	—
氰化物	87	0	0	0	0.0015	0.0130	0.0028	—	—
阴离子表面活性剂	87	0	0	0	0.025	0.189	0.060	—	—
硫化物	87	0	0	0	0.0025	0.171	0.050	—	—

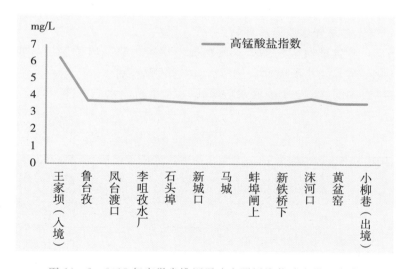

图 10 - 5　2015 年安徽省淮河干流主要污染物浓度沿程变化

④ 支流水质中入境水质较差

淮河支流总体水质状况为中度污染，监测的 44 条支流中，14 条支流水质状况为优良，11 条支流水质状况为轻度污染，6 条支流水质状况为中度污染，13 条支流水质状况为重度污染（其中有 11 条为入境河流）。

19 条入境支流中，3 条支流水质状况为轻度污染，5 条支流水质状况为中度污染，11 条支流水质状况为重度污染。

南岸支流水质状况好于北岸支流，南岸 15 条支流中，有 12 条支流水质状况为优或良好，无重度污染的支流；北岸 29 条支流中，有 2 条支流水质状况为良好，13 条支流水质状况为重度污染。

表 10 - 2　2015 年淮河支流水质状况表

水质状况	支流名称		
	入　境	出　境	境　内
优		史河	淠河总干渠、东淝河、西淝河、黄尾河、漫水河
良好			茨淮新河、东淝河、南沙河、淠河、沣河、怀洪新河、淠东干渠、汲河
轻度污染	沱河、浍河、颍河	新汴河、新濉河	澥河、西淝河、济河、池河、白塔河、濠河
中度污染	运料河、灌沟河、闫河、泉河、洪河		谷河
重度污染	王引河、涡河、惠济河、小洪河、包河、武家河、赵王河、油河、奎河、郎溪河、黑茨河		濉河、龙河

注：史河表示淮河南岸支流。

⑤ 与上年相比，总体水质有所好转

与上年相比，省辖淮河流域总体水质状况由中度污染好转为轻度污染，Ⅰ～Ⅲ类水质断面无变化，劣Ⅴ类水质断面比例减少 2.3 个百分点。

87 个监测断面中，有 10 个断面水质好转，14 个断面水质下降，其余 63 个断面水质类别无变化。

表 10 - 3　2015 年淮河流域监测断面水质类别

序号	河流名称	断面名称	水质类别		主要超标指标
			2015 年	2014 年	
1	淮河	王家坝（豫—皖）	Ⅳ	Ⅳ	总磷、高锰酸盐指数、COD（Ⅳ）
2	淮河	鲁台孜	Ⅱ	Ⅲ	—
3	淮河	凤台渡口	Ⅲ	Ⅲ	—
4	淮河	李咀孜水厂	Ⅲ	Ⅲ	—
5	淮河	石头埠	Ⅲ	Ⅱ	—
6	淮河	新城口	Ⅲ	Ⅲ	—
7	淮河	马城	Ⅱ	Ⅱ	—
8	淮河	蚌埠闸上	Ⅱ	Ⅱ	—
9	淮河	新铁桥下	Ⅱ	Ⅱ	—
10	淮河	沫河口	Ⅱ	Ⅱ	—
11	淮河	黄盆窑	Ⅱ	Ⅱ	—

（续表）

序号	河流名称	断面名称	水质类别		主要超标指标
			2015 年	2014 年	
12	淮河	小柳巷（皖—苏）	Ⅲ	Ⅲ	—
13	沱河	小王桥（豫—皖）	Ⅴ	劣Ⅴ	总磷（Ⅴ）、BOD$_5$、COD（Ⅳ）
14	沱河	后常桥	Ⅳ	Ⅴ	BOD$_5$、COD、氟化物（Ⅳ）
15	沱河	芦岭桥	Ⅳ	Ⅳ	COD、高锰酸盐指数（Ⅳ）
16	沱河	关咀	Ⅳ	Ⅲ	高锰酸盐指数（Ⅳ）
17	浍河	临涣集（豫—皖）	Ⅴ	Ⅳ	BOD$_5$（Ⅴ）、总磷、高锰酸盐指数（Ⅳ）
18	浍河	东坪集	Ⅳ	Ⅳ	高锰酸盐指数、COD（Ⅳ）
19	浍河	湖沟	Ⅲ	Ⅳ	—
20	浍河	蚌埠固镇	Ⅲ	Ⅲ	—
21	王引河	任圩孜桥（豫—皖）	劣Ⅴ	劣Ⅴ	总磷（劣Ⅴ）、BOD$_5$、COD（Ⅳ）
22	澥河	李大桥闸	Ⅳ	Ⅳ	BOD$_5$、氟化物、COD（Ⅳ）
23	澥河	方店闸	Ⅳ	Ⅲ	COD（Ⅳ）
24	龙河	浮绥	劣Ⅴ	劣Ⅴ	氨氮（劣Ⅴ）总磷、BOD$_5$（Ⅴ）
25	新濉河	符离闸	劣Ⅴ	Ⅳ	氨氮（劣Ⅴ）总磷（Ⅴ）、高锰酸盐指数（Ⅳ）
26	新濉河	尹集	Ⅴ	Ⅳ	氨氮（Ⅴ）、总磷、高锰酸盐指数（Ⅳ）
27	新濉河	泗县八里桥（皖—苏）	Ⅳ	Ⅳ	石油类、高锰酸盐指数、COD（Ⅳ）
28	涡河	亳州（豫—皖）	劣Ⅴ	劣Ⅴ	COD、BOD$_5$（劣Ⅴ）、高锰酸盐指数（Ⅳ）
29	涡河	涡阳义门大桥	劣Ⅴ	劣Ⅴ	COD、BOD$_5$（劣Ⅴ）、高锰酸盐指数（Ⅳ）
30	涡河	岳坊大桥	劣Ⅴ	劣Ⅴ	COD、BOD$_5$（劣Ⅴ）、高锰酸盐指数（Ⅳ）
31	涡河	龙亢	Ⅲ	Ⅲ	—
32	惠济河	刘寨村后（豫—皖）	劣Ⅴ	劣Ⅴ	COD、BOD$_5$（劣Ⅴ）、高锰酸盐指数（Ⅳ）
33	西淝河	利辛段	Ⅳ	Ⅳ	BOD$_5$、COD、氟化物（Ⅳ）
34	西淝河	西淝河闸下	Ⅲ	Ⅲ	—
35	小洪河	古井（豫—皖）	劣Ⅴ	劣Ⅴ	总磷、COD、BOD$_5$（劣Ⅴ）
36	包河	颜集（豫—皖）	劣Ⅴ	劣Ⅴ	氨氮、COD、BOD$_5$（劣Ⅴ）
37	武家河	五马（豫—皖）	劣Ⅴ	劣Ⅴ	COD、BOD$_5$、总磷（劣Ⅴ）
38	赵王河	十河（豫—皖）	劣Ⅴ	劣Ⅴ	氨氮、COD、总磷（劣Ⅴ）
39	油河	双沟（豫—皖）	劣Ⅴ	劣Ⅴ	氨氮、总磷、COD（劣Ⅴ）
40	奎河	杨庄（豫—皖）	劣Ⅴ	劣Ⅴ	氨氮、总磷（劣Ⅴ）、COD（Ⅴ）

（续表）

序号	河流名称	断面名称	水质类别		主要超标指标
			2015 年	2014 年	
41	奎河	时村北大桥	V	IV	氨氮、总磷（V）、高锰酸盐指数（IV）
42	新汴河	七里井	IV	IV	COD、高锰酸盐指数（IV）
43	新汴河	刘闸	IV	III	高锰酸盐指数、COD（IV）
44	新汴河	泗县公路桥（皖—苏）	III	III	—
45	运料河	下楼公路桥（苏—皖）	V	劣V	高锰酸盐指数、COD、BOD$_5$（V）
46	灌沟河	房上（苏—皖）	V	V	氨氮、总磷（V）石油类（IV）
47	郎溪河	伊桥（苏—皖）	劣V	劣V	总磷（劣V）、氨氮、COD（V）
48	闫河	林庄（苏—皖）	V	劣V	总磷、COD（V）、高锰酸盐指数（IV）
49	怀洪新河	五河	III	III	—
50	颍河	界首（豫—皖）	劣V	劣V	总磷（劣V）、BOD$_5$、COD（V）
51	颍河	太和段上游	V	V	总磷、高锰酸盐指数、COD（V）
52	颍河	阜阳段上游	V	IV	COD（V）、BOD$_5$、总磷（IV）
53	颍河	阜阳段下	V	IV	总磷（V）、COD、BOD$_5$（IV）
54	颍河	颍上段上游	IV	IV	总磷、COD、BOD$_5$（IV）
55	颍河	杨湖	IV	IV	COD、总磷、BOD$_5$（IV）
56	黑茨河	张大桥（豫—皖）	劣V	劣V	总磷、BOD$_5$、COD（劣V）
57	泉河	徐庄（豫—皖）	V	V	BOD$_5$、COD、总磷（V）
58	泉河	临泉段下游	V	V	BOD$_5$、COD、总磷（V）
59	泉河	阜阳段下游	V	IV	BOD$_5$、COD（V）、总磷（IV）
60	济河	张杨渡口	IV	IV	COD、BOD$_5$、高锰酸盐指数（IV）
61	洪河	陶老（豫—皖）	V	V	COD、BOD$_5$（V）高锰酸盐指数（IV）
62	谷河	阜南	V	IV	BOD$_5$（V）、COD（IV）、高锰酸盐指数（IV）
63	茨淮新河	二水厂取水口	III	III	—
64	东淝河	平山头水厂	III	II	—
65	东淝河	五里闸	III	IV	—
66	池河	公路桥	IV	IV	BOD$_5$、COD（IV）
67	南沙河	南沙河	III	III	—
68	白塔河	天长化工厂	IV	IV	BOD$_5$、氨氮、COD（IV）

（续表）

序号	河流名称	断面名称	水质类别 2015 年	水质类别 2014 年	主要超标指标
69	濠河	太平桥	IV	IV	BOD$_5$、COD（IV）
70	淠河总干渠	横排头	II	II	—
71	淠河总干渠	罗管闸	II	II	—
72	淠河总干渠	解放南路桥	II	II	—
73	淠河	窑岗嘴	III	III	—
74	淠河	新安渡口	III	III	—
75	淠河	大店岗	III	IV	—
76	淠东干渠	北二十铺	III	III	—
77	淠东干渠	众兴大桥	IV	III	COD（IV）
78	东淝河	陶洪集	II	II	—
79	西淝河	响洪甸水库出水口	II	II	—
80	漫水河	白莲崖水库出水口	II	II	—
81	汲河	东湖闸	III	III	—
82	沣河	沣河桥	III	III	—
83	沣河	工农兵大桥	III	IV	—
84	史河	梅山水库出水口	II	II	—
85	史河	红石嘴（皖—豫）	II	II	—
86	史河	叶集大桥	III	III	—
87	黄尾河	彩虹瀑布	I	II	—

（3）长江流域

① 长江流域总体水质为良好，84.3%的断面水质状况优良

2015 年省辖长江流域总体水质状况良好，监测的 39 条河流 70 个断面中，84.3%（59 个）的断面水质状况优良，为 I～III 类水质；11.4%（8 个）的断面水质状况为轻度污染，IV 类水质；4.3%（3 个）的断面水质状况为中度污染，V 类水质；无劣 V 类水质断面。

② 主要污染指标为五日生化需氧量、氨氮和化学需氧量

省辖长江流域水质断面监测因子年均值出现超标的有高锰酸盐指数、五日生化需

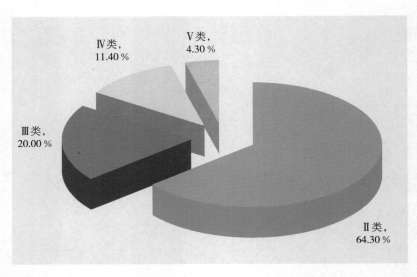

图 10 - 6 2015 年安徽省长江流域水质类别比例

氧量、氨氮、石油类、挥发酚、化学需氧量、总磷和阴离子表面活性剂等 8 项，超标
断面数最多的指标依次是五日生化需氧量、氨氮和化学需氧量，分别是 9 个、8 个和 6
个，是长江流域主要污染指标。五日生化需氧量年均值超标最重的是慈湖河下游断面，
超标 0.6 倍；氨氮年均值超标最重的是来河水口断面，超标 0.4 倍；化学需氧量年均
值超标最重的是梅溧河殷桥断面，超标 0.4 倍。

表 10 - 4 2015 年长江流域监测结果统计   单位：mg/L，pH 无量纲

监测项目	断面数/个	超标断面数/个	劣 V 类断面数	断面超标率	监测结果			最大超标断面	
					最小值	最大值	平均值	断面名称	超标倍数
pH 值	70	0	0	0	7.13	8.15	7.66	—	—
溶解氧	70	0	0	0	5.26	10.90	8.16	—	—
高锰酸盐指数	70	1	0	1.4%	1.10	7.20	2.70	来河水口	0.2
五日生化需氧量	70	9	0	12.9%	0.97	6.33	2.09	慈湖河下游	0.6
氨氮	70	8	1	11.4%	0.060	1.43	0.39	来河水口	0.4
石油类	70	1	0	1.4%	0.005	0.064	0.024	无量溪河狮子口	0.3
挥发酚	70	1	0	1.4%	0.00015	0.0134	0.0009	无量溪河狮子口	1.7
汞	70	0	0	0	0.0000005	0.00005	0.00002	—	—
铅	70	0	0	0	0.00011	0.0117	0.0030	—	—
化学需氧量	70	6	0	8.6%	2.50	28.92	11.25	梅溧河殷桥	0.4
总磷	70	4	0	5.7%	0.017	0.275	0.0968	来河水口	0.4
铜	70	0	0	0	0.0005	0.035	0.0045	—	—

（续表）

监测项目	断面数/个	超标断面数/个	劣Ⅴ类断面数	断面超标率	监测结果			最大超标断面	
					最小值	最大值	平均值	断面名称	超标倍数
锌	70	0	0	0	0.0025	0.065	0.018	—	—
氟化物	70	0	0	0	0.068	0.853	0.306	—	—
硒	70	0	0	0	0.00002	0.0014	0.0003	—	—
砷	70	0	0	0	0.0001	0.0044	0.0017	—	—
镉	70	0	0	0	0.00003	0.0025	0.0004	—	—
铬（六价）	70	0	0	0	0.0020	0.012	0.0024	—	—
氰化物	70	0	0	0	0.0013	0.015	0.0025	—	—
阴离子表面活性剂	70	4	0	5.7%	0.023	0.266	0.05	来河水口	0.3
硫化物	70	0	0	0	0.0025	0.065	0.096	—	—

③ 干流水质优于支流水质

长江干流安徽段总体水质状况优，20 个断面中，有 15 个水质为Ⅱ类，5 个为Ⅲ类。

长江支流总体水质状况为良好。监测的 38 条支流中，20 条支流水质状况为优，10条支流水质状况为良好，5 条支流水质状况为轻度污染，3 条支流水质状况为中度污染，无重度污染支流。

4 条出境支流中，闾江水质状况为优，泗安河水质状况为良好，滁河、梅溧河水质状况为轻度污染。

表 10-5　2015 年长江支流水质状况表

水质状况	支流名称	
	境内	出境
优	姑溪河、漳河、青弋江、西津河、东津河、秋浦河、白洋河、九华河、青通河、黄溢河、尧渡河、皖河、华阳河、鹭鸶河、潜水、皖水、清溪河、凉亭河、二郎河	闾江
良好	青山河、得胜河、采石河、黄浒河、水阳江、桐汭河、顺安河、陵阳河、长河	泗安河
轻度污染	清流河、襄河、雨山河	滁河、梅溧河
中度污染	来河、慈湖河、无量溪河	

④ 与上年相比，总体水质无明显变化

与上年相比，省辖长江流域总体水质状况无明显变化，Ⅰ～Ⅲ类水质断面比例增加 2.9 个百分点，劣Ⅴ类水质断面比例减少 1.4 个百分点。

70 个断面中，有 11 个断面水质好转，5 个断面水质下降，其余 54 个断面水质类别无变化。

表 10－6　2015 年长江流域监测断面水质类别

序号	河流名称	断面名称	水质类别		主要超标指标
			2015 年	2014 年	
1	长江	香口（赣—皖）	III	II	—
2	长江	·香隅	III	II	—
3	长江	池州水厂	II	II	—
4	长江	五步沟	II	II	—
5	长江	皖河口	II	II	—
6	长江	安庆三水厂	II	III	—
7	长江	石化总排	II	III	—
8	长江	前江口	II	II	—
9	长江	铜陵三水厂	III	III	—
10	长江	铜陵市水厂	III	III	—
11	长江	观兴	III	III	—
12	长江	陈家墩	II	II	—
13	长江	桂花桥	II	II	—
14	长江	弋矶山	II	II	—
15	长江	四褐山	II	II	—
16	长江	东西梁山	II	II	—
17	长江	采石水厂	II	II	—
18	长江	慈湖水厂	II	II	—
19	长江	江宁三兴村（皖—苏）	II	II	—
20	长江	乌江（皖—苏）	II	II	—
21	得胜河	得胜河入江口	III	III	—
22	滁河	古河	IV	IV	BOD_5（IV）
23	滁河	汊河（皖—苏）	IV	V	BOD_5、阴离子表面活性剂、氨氮（IV）
24	清流河	盈福桥	IV	IV	BOD_5（IV）
25	清流河	乌衣下	IV	IV	氨氮、BOD_5、COD（IV）
26	来河	水口	V	V	BOD_5（V）、氨氮、总磷（IV）
27	襄河	化肥厂下	IV	IV	BOD_5、COD、氨氮（IV）

（续表）

序号	河流名称	断面名称	水质类别 2015年	水质类别 2014年	主要超标指标
28	采石河	采石河上游	Ⅱ	Ⅱ	—
29	采石河	采石河下游	Ⅳ	Ⅳ	总磷、BOD$_5$（Ⅳ）
30	雨山河	雨山河下游	Ⅳ	Ⅴ	氨氮、BOD$_5$、总磷（Ⅳ）
31	慈湖河	慈湖河下游	Ⅴ	Ⅴ	BOD$_5$（Ⅴ）、氨氮、总磷（Ⅳ）
32	姑溪河	当涂水厂	Ⅱ	Ⅱ	—
33	姑溪河	姑溪河大桥	Ⅱ	Ⅲ	—
34	青山河	当涂查湾	Ⅲ	Ⅱ	—
35	漳河	澛港桥	Ⅱ	Ⅱ	—
36	黄浒河	荻港	Ⅲ	Ⅲ	—
37	青弋江	百园新村	Ⅱ	Ⅱ	—
38	青弋江	城关上游	Ⅱ	Ⅱ	—
39	青弋江	泾南交界	Ⅱ	Ⅱ	—
40	青弋江	宝塔根	Ⅱ	Ⅱ	—
41	青弋江	海南渡	Ⅱ	Ⅱ	—
42	水阳江	汪溪	Ⅲ	Ⅲ	—
43	水阳江	玉山取水口上游	Ⅱ	Ⅲ	—
44	水阳江	管家渡	Ⅱ	Ⅲ	—
45	西津河	西津河大桥	Ⅱ	Ⅱ	—
46	东津河	乌村	Ⅱ	Ⅱ	—
47	梅溧河	殷桥（皖—苏）	Ⅳ	Ⅴ	COD、氨氮（Ⅳ）
48	泗安河	三里桥	Ⅲ	Ⅳ	—
49	无量溪河	狮子口	Ⅴ	劣Ⅴ	挥发酚（Ⅴ）、氨氮、石油类（Ⅳ）
50	桐汭河	杨柑坝	Ⅲ	Ⅳ	—
51	顺安河	顺安河入江口	Ⅲ	Ⅲ	—
52	秋浦河	石台县水厂	Ⅱ	Ⅱ	—
53	秋浦河	双丰	Ⅱ	Ⅱ	—
54	秋浦河	入江口	Ⅱ	Ⅱ	—
55	白洋河	赵圩	Ⅱ	Ⅱ	—
56	九华河	梅垅	Ⅱ	Ⅱ	—

（续表）

序号	河流名称	断面名称	水质类别 2015年	水质类别 2014年	主要超标指标
57	青通河	河口	Ⅱ	Ⅱ	—
58	黄湓河	张溪	Ⅱ	Ⅱ	—
59	尧渡河	东流	Ⅱ	Ⅱ	—
60	皖河	皖河大桥	Ⅱ	Ⅱ	—
61	长河	枞阳大闸	Ⅲ	Ⅲ	—
62	华阳河	华阳河入江口	Ⅱ	Ⅱ	—
63	鹭鸶河	和平桥	Ⅱ	Ⅱ	—
64	潜水	水厂取水口	Ⅱ	Ⅱ	—
65	皖水	车轴寺大桥	Ⅱ	Ⅱ	—
66	凉亭河	入湖口	Ⅱ	Ⅱ	—
67	二郎河	入湖口	Ⅱ	Ⅱ	—
68	阊江	倒湖（皖—赣）	Ⅱ	Ⅱ	—
69	清溪河	东坑口	Ⅱ	Ⅰ	—
70	陵阳河	琉璃岭	Ⅲ	Ⅱ	—

（4）新安江流域

2015年，省辖新安江流域总体水质状况为优。8个监测断面中7个断面水质均为Ⅱ类，1个断面水质为Ⅲ类。其中，新安江干流和扬之河、率水、横江3条支流水质状况均为优，练江支流水质状况为良。

与上年相比，省辖新安江流域总体水质状况无明显变化。

表10-7　2015年新安江流域监测结果统计　单位：mg/L，pH无量纲

监测项目	断面数/个	超标断面数/个	断面超标率	监测结果 最小值	监测结果 最大值	监测结果 平均值
pH值	8	0	0	7.53	7.92	7.70
溶解氧	8	0	0	6.34	8.86	7.97
高锰酸盐指数	8	0	0	1.28	2.68	1.87
五日生化需氧量	8	0	0	1.39	2.46	1.87
氨氮	8	0	0	0.12	0.62	0.31
石油类	8	0	0	0.021	0.031	0.027
挥发酚	8	0	0	0.00015	0.00015	0.00015

（续表）

监测项目	断面数/个	超标断面数/个	断面超标率	监测结果		
				最小值	最大值	平均值
汞	8	0	0	0.00005	0.00005	0.00005
铅	8	0	0	0.0015	0.0017	0.0016
化学需氧量	8	0	0	4.08	8.04	6.19
总磷	8	0	0	0.037	0.118	0.066
铜	8	0	0	0.0012	0.0026	0.0018
锌	8	0	0	0.010	0.016	0.012
氟化物	8	0	0	0.05	0.19	0.10
硒	8	0	0	0.00025	0.00038	0.00029
砷	8	0	0	0.00096	0.00183	0.00141
镉	8	0	0	0.00005	0.00012	0.00006
铬（六价）	8	0	0	0.0020	0.0020	0.0020
氰化物	8	0	0	0.002	0.002	0.002
阴离子表面活性剂	8	0	0	0.025	0.033	0.026
硫化物	8	0	0	0.01	0.01	0.01

表 10 - 8 2015 年新安江流域监测断面水质类别

序号	所在河流	断面名称	水质类别		主要超标指标
			2015 年	2014 年	
1	新安江	黄口	Ⅱ	Ⅱ	—
2	新安江	篁墩	Ⅱ	Ⅱ	—
3	新安江	坑口	Ⅱ	Ⅱ	—
4	新安江	街口	Ⅱ	Ⅲ	—
5	扬之河	新管	Ⅱ	Ⅱ	—
6	率水	率水大桥	Ⅱ	Ⅱ	—
7	横江	横江大桥	Ⅱ	Ⅱ	—
8	练江	浦口	Ⅲ	Ⅲ	—

（5）巢湖流域

① 全湖水质状况为轻度污染，呈轻度富营养状态

2015 年，湖体 9 个测点水质均超地表水Ⅲ类标准。东、西半湖水质相差一个类别，东半湖水质优于西半湖。

　　全湖平均水质类别为Ⅳ类，水质状况为轻度污染。其中东半湖水质类别为Ⅳ类，水质状况为轻度污染，6个测点中5个测点水质为Ⅳ类，1个测点水质为Ⅴ类；西半湖水质类别为Ⅴ类，水质状况为中度污染，3个测点水质均为Ⅴ类。

　　全湖水体呈轻度富营养状态。其中东半湖水体呈轻度富营养状态，6个测点水体均呈轻度富营养状态；西半湖水体呈轻度富营养状态，2个测点水体呈轻度富营养状态，1个测点水体呈中度富营养状态。

　　② 湖区主要污染指标为总磷

　　巢湖湖体各测点监测因子年均值出现超标的是总磷，9个测点均超标，是巢湖湖体主要污染指标。

　　总磷年均值超标最重的点位是西半湖湖心测点，超标1.2倍。

表 10 - 9　2015 年巢湖湖体监测结果统计

单位：mg/L，pH 无量纲，透明度为 cm

监测项目	监测点位数/个	超标点位数/个	劣Ⅴ类点位数	点位超标率%	监测结果			最大超标点位	
					最小值	最大值	平均值	点位名称	超标倍数
pH 值	9	0	0	0	8.18	8.45	8.33	—	—
溶解氧	9	0	0	0	9.06	10.03	9.67	—	—
高锰酸盐指数	9	0	0	0	4.14	5.43	4.67	—	—
五日生化需氧量	9	0	0	0	1.64	3.05	2.29	—	—
氨氮	9	0	0	0	0.16	0.70	0.31	—	—
石油类	9	0	0	0	0.01	0.01	0.01	—	—
挥发酚	9	0	0	0	0.001	0.001	0.001	—	—
汞	9	0	0	0	0.000018	0.000018	0.000018	—	—
铅	9	0	0	0	0.022	0.022	0.022	—	—
化学需氧量	9	0	0	0	14.88	17.70	16.34	—	—
总磷	9	9	0	100.0%	0.063	0.162	0.098	西半湖湖心	1.2
铜	9	0	0	0	0.005	0.005	0.005	—	—
锌	9	0	0	0	0.011	0.024	0.018	—	—
氟化物	9	0	0	0	0.57	0.70	0.64	—	—
硒	9	0	0	0	0.00022	0.00026	0.00025	—	—
砷	9	0	0	0	0.0013	0.0018	0.0016	—	—
镉	9	0	0	0	0.0013	0.0013	0.0013	—	—
铬（六价）	9	0	0	0	0.002	0.002	0.002	—	—
氰化物	9	0	0	0	0.002	0.002	0.002	—	—

（续表）

监测项目	监测点位数/个	超标点位数/个	劣Ⅴ类点位数	点位超标率%	监测结果			最大超标点位	
					最小值	最大值	平均值	点位名称	超标倍数
阴离子表面活性剂	9	0	0	0	0.025	0.027	0.025	—	—
硫化物	9	0	0	0	0.01	0.01	0.01	—	—
透明度	9	—	—	—	32.08	38.33	34.95	—	—
叶绿素 a	9	—	—	—	0.005	0.014	0.009	—	—

③ 与上年相比，巢湖湖区总体水质无明显变化

与上年相比，全湖及东半湖平均水质类别和水体营养状态均无明显变化；西半湖水质类别无明显变化，水体营养状态由中度富营养好转为轻度富营养。

表 10-10 2015 年与 2014 年巢湖湖体水质年际比较

		2015 年			2014 年		
		水质类别	营养状态指数	营养状态	水质类别	营养状态指数	营养状态
西半湖	湖滨	Ⅴ	58.9	轻度富营养	Ⅴ	62.2	中度富营养
	新河入湖区	Ⅴ	58.2	轻度富营养	Ⅴ	61.8	中度富营养
	西半湖湖心	Ⅴ	60.1	中度富营养	Ⅴ	64.6	中度富营养
东半湖	巢湖坝口	Ⅳ	51.4	轻度富营养	Ⅲ	49.1	中营养
	巢湖船厂	Ⅳ	51.5	轻度富营养	Ⅲ	48.9	中营养
	黄麓	Ⅳ	52.5	轻度富营养	Ⅳ	49.4	中营养
	东半湖湖心	Ⅳ	51.4	轻度富营养	Ⅳ	49.4	中营养
	忠庙	Ⅳ	54.4	轻度富营养	Ⅳ	53.0	轻度富营养
	兆河入湖区	Ⅴ	55.6	轻度富营养	Ⅳ	51.1	轻度富营养
东半湖平均		Ⅳ	52.9	轻度富营养	Ⅳ	50.2	轻度富营养
西半湖平均		Ⅴ	59.2	轻度富营养	Ⅴ	63.2	中度富营养
全湖平均		Ⅳ	55.4	轻度富营养	Ⅳ	56.4	轻度富营养

④ 环湖河流总体为中度污染，68.4% 的断面水质状况优良

2015 年环湖河流总体水质状况为中度污染，监测的 11 条河流 19 个断面中，68.4%（13 个）的断面水质状况优良，为Ⅰ～Ⅲ类水质；无Ⅳ类、Ⅴ类水质的断面；31.6%（6 个）的断面水质状况为重度污染，劣Ⅴ类水质。

⑤ 环湖河流主要污染指标为总磷、氨氮和化学需氧量

巢湖环湖河流水质断面监测因子年均值出现超标的有高锰酸盐指数、五日生化需氧量、氨氮、化学需氧量、总磷和阴离子表面活性剂等 6 项，超标断面数最多的指标

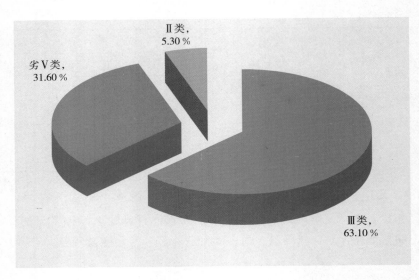

图 10 - 7　2015 年巢湖环湖河流水质类别比例

依次是总磷、氨氮和化学需氧量，分别是 6 个、6 个和 5 个，是巢湖环湖河流主要污染指标。总磷年均值超标最重的是十五里河希望桥断面，超标 2.3 倍；氨氮和化学需氧量年均值超标最重的均是店埠河河内 1500 米断面，分别超标 7.2 倍和 1.0 倍。

表 10 - 11　2015 年巢湖环湖河流监测结果统计　单位：mg/L，pH 无量纲

监测项目	断面数/个	超标断面数/个	劣Ⅴ类断面数	断面超标率	监测结果			最大超标断面	
					最小值	最大值	平均值	断面名称	超标倍数
pH 值	19	0	0	0	7.31	8.21	7.78	—	—
溶解氧	19	0	0	0	5.76	9.07	7.51	—	—
高锰酸盐指数	19	3	0	15.8%	1.41	7.15	4.61	南淝河板桥码头	0.2
五日生化需氧量	19	4	0	21.1%	1.17	5.19	2.90	南淝河板桥码头	0.3
氨氮	19	6	6	31.6%	0.27	8.24	2.19	店埠河河内 1500 米	7.2
石油类	19	0	0	0	0.005	0.042	0.014	—	—
挥发酚	19	0	0	0	0.00015	0.0011	0.0009	—	—
汞	19	0	0	0	0.00001	0.00003	0.00002	—	—
铅	19	0	0	0	0.00022	0.024	0.0134	—	—
化学需氧量	19	5	0	26.3%	8.22	39.05	19.09	店埠河河内 1500 米	1.0
总磷	19	6	5	31.6%	0.038	0.650	0.209	十五里河希望桥	2.3

（续表）

监测项目	断面数/个	超标断面数/个	劣V类断面数	断面超标率	监测结果			最大超标断面	
					最小值	最大值	平均值	断面名称	超标倍数
铜	19	0	0	0	0.0015	0.0075	0.0055	—	—
锌	19	0	0	0	0.0039	0.065	0.017	—	—
氟化物	19	0	0	0	0.21	0.97	0.53	—	—
硒	19	0	0	0	0.0001	0.0006	0.0003	—	—
砷	19	0	0	0	0.00005	0.0023	0.0014	—	—
镉	19	0	0	0	0.00003	0.0013	0.00076	—	—
铬（六价）	19	0	0	0	0.002	0.005	0.0023	—	—
氰化物	19	0	0	0	0.0015	0.0023	0.0020	—	—
阴离子表面活性剂	19	1	0	5.3%	0.025	0.245	0.072	店埠河河内1500米	0.2
硫化物	19	0	0	0	0.0025	0.021	0.010	—	—

⑥ 5条环湖河流水质重度污染

11条主要出、入湖河流中，1条水质优，5条水质良好，5条重度污染。

表 10-12　2015 年巢湖环湖河流水质状况表

水质状况	河流名称
优	杭埠河
良好	丰乐河、兆河、柘皋河、白石天河、裕溪河
重度污染	南淝河、店埠河、十五里河、派河、双桥河

⑦ 与上年相比，环湖河流总体水质无明显变化

与上年相比，巢湖环湖河流总体水质状况无明显变化，Ⅰ～Ⅲ类水质断面比例无变化，劣Ⅴ类水质断面比例增加 5.3 个百分点。

19 个断面中，有 1 个断面水质有所下降，1 个断面水质明显下降，其余 17 个断面水质类别无变化。

表 10-13　2015 年巢湖环湖河流监测断面水质类别

序号	所在河流	断面名称	水质类别		主要污染指标
			2015 年	2014 年	
1	南淝河	西新庄	Ⅲ	Ⅲ	—
2	南淝河	板桥码头	劣Ⅴ	劣Ⅴ	氨氮、总磷、COD（劣Ⅴ）
3	南淝河	施口	劣Ⅴ	劣Ⅴ	氨氮、总磷（劣Ⅴ）、COD（Ⅳ）

（续表）

序号	所在河流	断面名称	水质类别 2015 年	水质类别 2014 年	主要污染指标
4	丰乐河	三河镇大桥	Ⅲ	Ⅲ	—
5	杭埠河	河口大桥	Ⅲ	Ⅲ	—
6	杭埠河	三河镇新大桥	Ⅲ	Ⅲ	—
7	杭埠河	北闸渡口	Ⅲ	Ⅲ	—
8	店埠河	河内 1500 米	劣Ⅴ	劣Ⅴ	氨氮、总磷（劣Ⅴ）、COD（Ⅴ）
9	兆河	庐江缺口	Ⅲ	Ⅲ	—
10	兆河	入湖口渡口	Ⅲ	Ⅲ	—
11	柘皋河	青台山大桥	Ⅲ	Ⅲ	—
12	柘皋河	柘皋大桥	Ⅲ	Ⅲ	—
13	裕溪河	三胜大队渡口	Ⅲ	Ⅲ	—
14	裕溪河	运漕镇	Ⅲ	Ⅱ	—
15	裕溪河	裕溪口	Ⅱ	Ⅱ	—
16	十五里河	希望桥	劣Ⅴ	劣Ⅴ	氨氮、总磷（劣Ⅴ）、COD（Ⅳ）
17	派河	肥西化肥厂下	劣Ⅴ	劣Ⅴ	氨氮、总磷（劣Ⅴ）、COD（Ⅳ）
18	白石天河	石堆渡口	Ⅲ	Ⅲ	—
19	双桥河	双桥河入湖口	劣Ⅴ	Ⅳ	氨氮（劣Ⅴ）、总磷（Ⅳ）

（6）其他湖泊、水库

① 24 座湖库水质状况为优，水库水质优于湖泊水质

2015 年，安徽省其他 27 座湖泊、水库总体水质状况为优，53 个监测点位中，94.3％（50 个）的点位水质状况优良，为Ⅰ～Ⅲ类水质；5.7％（3 个）的点位水质状况为轻度污染，Ⅳ类水质。无Ⅴ类、劣Ⅴ类点位。主要污染指标为总磷。

水库水质优于湖泊水质，15 座水库中，磨子潭水库、佛子岭水库、梅山水库、响洪甸水库、龙河口水库、港口湾水库、城西水库和太平湖等 8 座水质状况为优，董铺水库、大房郢水库、凤阳山水库、沙河水库、牯牛背水库、丰乐湖和奇墅湖等 7 座水质状况为良好；12 座湖泊中，花亭湖水质状况为优，瓦埠湖、女山湖、高邮湖、南漪湖、石臼湖、武昌湖、菜子湖和升金湖等 8 座水质状况为良好，高塘湖、龙感湖和黄湖等 3 座湖泊水质状况为轻度污染。

② 主要污染指标为总磷

安徽省其他湖泊、水库水质点位监测因子年均值出现超标的水质指标为总磷，有 3 个测点超标。超标最重的是龙感湖湖区测点，超标 0.3 倍。

表 10-14 2015 年安徽省其他湖泊、水库监测结果统计

单位：mg/L，pH 无量纲，透明度为 cm

监测项目	监测点位数/个	超标点位数/个	劣Ⅴ类点位数	点位超标率%	监测结果			最大超标点位	
					最小值	最大值	平均值	超标点数	超标倍数
pH 值	53	0	0	0	7.06	8.09	7.50	—	—
溶解氧	53	0	0	0	6.68	10.50	8.09	—	—
高锰酸盐指数	53	0	0	0	1.18	5.53	2.70	—	—
五日生化需氧量	53	0	0	0	0.66	3.92	1.82	—	—
氨氮	53	0	0	0	0.066	0.494	0.172	—	—
石油类	53	0	0	0	0.0025	0.035	0.011	—	—
挥发酚	53	0	0	0	0.00014	0.0026	0.0005	—	—
汞	53	0	0	0	0.000003	0.00005	0.000021	—	—
铅	53	0	0	0	0.00056	0.011	0.0036	—	—
化学需氧量	53	0	0	0	2.50	18.08	10.03	—	—
总磷	53	3	0	5.7%	0.006	0.065	0.027	龙感湖	0.3
铜	53	0	0	0	0.0005	0.0189	0.0034	—	—
锌	53	0	0	0	0.002	0.101	0.023	—	—
氟化物	53	0	0	0	0.055	0.582	0.239	—	—
硒	53	0	0	0	0.00002	0.0014	0.0003	—	—
砷	53	0	0	0	0.00005	0.0063	0.0007	—	—
镉	53	0	0	0	0.00005	0.0025	0.00044	—	—
铬 (六价)	53	0	0	0	0.002	0.0139	0.0025	—	—
氰化物	53	0	0	0	0.0014	0.002	0.0020	—	—
阴离子表面活性剂	53	0	0	0	0.025	0.174	0.045	—	—
硫化物	53	0	0	0	0.0025	0.041	0.0063	—	—
透明度	53	—	—	—	18.7	599.2	238.4	—	—
叶绿素 a	53	—	—	—	0.0011	0.020	0.0045	—	—

③ 高塘湖、南漪湖和龙感湖出现富营养化

27 座湖库中，除高塘湖、南漪湖和龙感湖水体呈轻度富营养化外，其余 24 座湖库水体呈贫营养或中营养状态。

④ 与上年相比，总体水质无明显变化

与上年相比，安徽省其他湖库总体水质状况无明显变化。

其中，菜子湖水质由Ⅳ类好转为Ⅲ类，龙感湖水质由Ⅴ类好转为Ⅳ类，丰乐湖水

质由Ⅱ类下降为Ⅲ类；太平湖水体营养状态由中营养好转为贫营养，南漪湖由中营养下降为轻度富营养；其余湖库的水质状况无明显变化，水体营养状态无明显变化。

表 10－15　2015 年安徽省其他湖泊、水库测点水质类别

序号	湖库名称	测点名称	2015 年		2014 年	
			水质类别	营养状态	水质类别	营养状态
1	董铺水库	董铺上游	Ⅲ	中营养	Ⅲ	中营养
2	董铺水库	靠近大坝	Ⅲ	中营养	Ⅲ	中营养
	董铺水库		Ⅲ	中营养	Ⅲ	中营养
3	大房郢水库	水库上游	Ⅲ	中营养	Ⅲ	中营养
4	大房郢水库	大坝前	Ⅲ	中营养	Ⅲ	中营养
	大房郢水库		Ⅲ	中营养	Ⅲ	中营养
5	磨子潭水库	两河口	Ⅱ	中营养	Ⅱ	中营养
6	磨子潭水库	太阳河	Ⅱ	中营养	Ⅱ	中营养
7	磨子潭水库	梳妆台	Ⅱ	中营养	Ⅱ	中营养
8	磨子潭水库	大坝前	Ⅱ	中营养	Ⅱ	中营养
	磨子潭水库		Ⅱ	中营养	Ⅱ	中营养
9	佛子岭水库	扫帚河	Ⅱ	中营养	Ⅱ	中营养
10	佛子岭水库	徐家冲	Ⅱ	中营养	Ⅱ	中营养
11	佛子岭水库	两河口	Ⅱ	中营养	Ⅱ	中营养
12	佛子岭水库	石坝壁	Ⅱ	中营养	Ⅱ	中营养
13	佛子岭水库	坝前	Ⅱ	中营养	Ⅱ	中营养
	佛子岭水库		Ⅱ	中营养	Ⅱ	中营养
14	梅山水库	青锋岭	Ⅱ	中营养	Ⅱ	中营养
15	梅山水库	鸡冠石	Ⅱ	中营养	Ⅱ	中营养
16	梅山水库	老母猪石	Ⅱ	中营养	Ⅱ	中营养
17	梅山水库	大坝前	Ⅱ	中营养	Ⅱ	中营养
	梅山水库		Ⅱ	中营养	Ⅱ	中营养
18	响洪甸水库	文昌宫	Ⅱ	中营养	Ⅱ	中营养
19	响洪甸水库	刘家老坟	Ⅱ	中营养	Ⅱ	中营养
20	响洪甸水库	旋网山	Ⅱ	中营养	Ⅱ	中营养
21	响洪甸水库	妈妈岩	Ⅱ	中营养	Ⅱ	中营养
22	响洪甸水库	大坝前	Ⅱ	中营养	Ⅱ	中营养
	响洪甸水库		Ⅱ	中营养	Ⅱ	中营养
23	龙河口水库	中毛弯	Ⅱ	中营养	Ⅱ	中营养

（续表）

序号	湖库名称	测点名称	2015 年		2014 年	
			水质类别	营养状态	水质类别	营养状态
24	龙河口水库	狮子口	Ⅱ	中营养	Ⅱ	中营养
25	龙河口水库	乌沙	Ⅱ	中营养	Ⅱ	中营养
26	龙河口水库	牛角冲	Ⅱ	中营养	Ⅱ	中营养
27	龙河口水库	溢洪道	Ⅱ	中营养	Ⅱ	中营养
28	龙河口水库	梅岭	Ⅲ	中营养	Ⅱ	中营养
	龙河口水库		Ⅱ	中营养	Ⅱ	中营养
29	瓦埠湖	瓦埠湖	Ⅲ	中营养	Ⅲ	中营养
	瓦埠湖		Ⅲ	中营养	Ⅲ	中营养
30	高塘湖	高塘湖	Ⅳ	轻度富营养	Ⅳ	轻度富营养
	高塘湖		Ⅳ	轻度富营养	Ⅳ	轻度富营养
31	城西水库	一水厂	Ⅲ	中营养	Ⅱ	中营养
32	城西水库	二水厂	Ⅱ	中营养	Ⅱ	中营养
	城西水库		Ⅱ	中营养	Ⅱ	中营养
33	女山湖	船闸	Ⅲ	中营养	Ⅲ	中营养
	女山湖		Ⅲ	中营养	Ⅲ	中营养
34	高邮湖	取水口	Ⅲ	中营养	Ⅲ	中营养
	高邮湖		Ⅲ	中营养	Ⅲ	中营养
35	凤阳山水库	凤阳县城取水口	Ⅲ	中营养	Ⅲ	中营养
	凤阳山水库		Ⅲ	中营养	Ⅲ	中营养
36	沙河水库	坝下	Ⅲ	中营养	Ⅲ	中营养
	沙河水库		Ⅲ	中营养	Ⅲ	中营养
37	南漪湖	西湖湖心	Ⅲ	轻度富营养	Ⅲ	中营养
38	南漪湖	东湖湖心	Ⅲ	轻度富营养	Ⅲ	中营养
	南漪湖		Ⅲ	轻度富营养	Ⅲ	中营养
39	港口湾水库	水库中心	Ⅱ	中营养	Ⅱ	中营养
	港口湾水库		Ⅱ	中营养	Ⅱ	中营养
40	石臼湖	石臼湖	Ⅲ	中营养	Ⅲ	中营养
	石臼湖		Ⅲ	中营养	Ⅲ	中营养
41	武昌湖	武昌湖	Ⅲ	中营养	Ⅲ	中营养
	武昌湖		Ⅲ	中营养	Ⅲ	中营养
42	菜子湖	菜子湖	Ⅲ	中营养	Ⅳ	中营养

（续表）

序号	湖库名称	测点名称	2015 年		2014 年	
			水质类别	营养状态	水质类别	营养状态
	菜子湖		Ⅲ	中营养	Ⅳ	中营养
43	龙感湖	龙感湖	Ⅳ	轻度富营养	Ⅴ	轻度富营养
	龙感湖		Ⅳ	轻度富营养	Ⅴ	轻度富营养
44	黄湖	黄湖	Ⅳ	中营养	Ⅳ	中营养
	黄湖		Ⅳ	中营养	Ⅳ	中营养
45	牯牛背水库	桐城水厂取水口	Ⅲ	中营养	Ⅲ	中营养
	牯牛背水库		Ⅲ	中营养	Ⅲ	中营养
46	花亭湖	花亭湖坝前	Ⅱ	中营养	Ⅱ	中营养
	花亭湖		Ⅱ	中营养	Ⅱ	中营养
47	升金湖	中心点	Ⅲ	中营养	Ⅲ	中营养
48	升金湖	黄溢河入湖区	Ⅲ	中营养	Ⅲ	中营养
	升金湖		Ⅲ	中营养	Ⅲ	中营养
49	太平湖	湖心	Ⅰ	中营养	Ⅰ	中营养
50	太平湖	高压线下	Ⅰ	贫营养	Ⅰ	贫营养
51	太平湖	大桥下	Ⅱ	中营养	Ⅱ	中营养
	太平湖		Ⅰ	贫营养	Ⅰ	中营养
52	丰乐湖	湖心	Ⅲ	中营养	Ⅱ	中营养
	丰乐湖		Ⅲ	中营养	Ⅱ	中营养
53	奇墅湖	湖心	Ⅲ	中营养	Ⅲ	中营养
	奇墅湖		Ⅲ	中营养	Ⅲ	中营养

10.1.2 变化趋势

（1）总体水质

"十二五"期间，全省地表水总体水质状况有所好转。Ⅰ～Ⅲ类水质断面（点位）的比例上升 7.1 个百分点，劣Ⅴ类断面（点位）的比例下降 3.7 个百分点。

从四大流域来看："十二五"期间，省辖淮河流域总体水质状况由中度污染好转为轻度污染；长江流域总体水质状况保持良好；新安江流域总体水质状况保持优；巢湖湖体总体水质一直为Ⅳ类，呈轻度污染，富营养化程度一直呈轻度富营养。环湖河流水质状况明显好转，Ⅰ～Ⅲ类水质断面的比例上升 42.1 个百分点。

与"十一五"末相比，全省地表水总体水质状况有所好转，Ⅰ～Ⅲ类水质断面（点位）比例上升 14.4 个百分点，劣Ⅴ类水质断面（点位）比例下降 5.6 个百分点。

表 10－16　全省地表水类别比例年际变化

年度	监测断面/个	断面比例%					
		Ⅰ类	Ⅱ类	Ⅲ类	Ⅳ类	Ⅴ类	劣Ⅴ类
2010	234	0.0	24.8	29.0	20.5	11.2	14.5
2011	237	0.0	27.8	33.3	19.4	6.8	12.6
2012	237	0.0	34.6	32.1	16.4	5.5	11.4
2013	247	1.6	35.2	30.8	16.6	6.1	9.7
2014	246	1.2	39.4	27.3	16.2	6.1	9.8
2015	246	1.2	38.2	28.9	13.9	8.9	8.9

（2）淮河流域

① 淮河流域总体水质有所改善

"十二五"期间，省辖淮河流域总体水质状况由中度污染好转为轻度污染，Ⅰ～Ⅲ类水质断面比例上升9.5个百分点，劣Ⅴ类断面比例下降9.6个百分点。

与"十一五"末相比，安徽省淮河流域总体水质状况明显好转，Ⅰ～Ⅲ类水质断面比例上升12.5个百分点，劣Ⅴ类断面比例下降11.5个百分点。

表 10－17　省辖淮河流域水质类别比例年际变化

年度	监测断面/个	断面比例%					
		Ⅰ类	Ⅱ类	Ⅲ类	Ⅳ类	Ⅴ类	劣Ⅴ类
2010	77	0.0	10.4	20.8	23.4	15.6	29.9
2011	82	0.0	8.5	25.6	28.1	9.8	28.0
2012	82	0.0	9.7	29.3	25.6	9.8	25.6
2013	88	0.0	17.0	25.0	29.5	9.1	19.3
2014	87	0.0	18.4	25.3	28.7	6.9	20.7
2015	87	1.1	16.1	26.5	20.7	17.2	18.4

② 干流水质保持优良

"十二五"期间，淮河干流安徽段总体水质均为优良。

与"十一五"末相比，淮河干流安徽段水质无明显变化。

③ 支流水质明显好转

"十二五"期间，省辖淮河支流水质明显好转，Ⅰ～Ⅲ类水质断面比例上升11.7个百分点，劣Ⅴ类断面比例下降11.6个百分点。

与"十一五"末相比，省辖淮河支流水质明显好转，Ⅰ～Ⅲ类水质断面比例上升18.5个百分点，劣Ⅴ类断面比例下降15.2个百分点。

"十二五"期间，支流总体水质类别均达到或优于Ⅲ类、水质持续优良的河流有茨淮新河、涡河总干渠、涡河、东淝河、沣河、史河、东淠河、西淠河、黄尾河、南沙河和汲河等 11 条支流，水质劣于 V 类、水质持续很差的河流有黑茨河、惠济河、王引河、小洪河、包河、武家河、赵王河、油河和龙河等 9 条支流。

与"十一五"末相比，可比的 23 条支流中，济河水质有所好转，洪河和谷河水质有所下降。

表 10 - 18　省辖淮河流域各河流水质类别变化

河流	2010 年	2011 年	2012 年	2013 年	2014 年	2015 年
淮河	Ⅲ	Ⅲ	Ⅲ	Ⅲ	Ⅲ	Ⅲ
浍河	Ⅳ	Ⅳ	Ⅳ	Ⅳ	Ⅳ	Ⅳ
濉河	劣 V	—	V	V	Ⅳ	劣 V
沱河	Ⅳ	Ⅳ	Ⅳ	Ⅳ	Ⅳ	Ⅳ
池河	Ⅳ	Ⅳ	Ⅳ	Ⅳ	Ⅳ	Ⅳ
白塔河	Ⅳ	Ⅳ	Ⅳ	Ⅳ	Ⅳ	Ⅳ
颍河	Ⅳ	Ⅳ	Ⅳ	Ⅳ	Ⅳ	Ⅳ
泉河	Ⅳ～V	劣 V	劣 V	V	V	V
茨淮新河	Ⅲ	Ⅲ	Ⅲ	Ⅲ	Ⅲ	Ⅲ
济河	劣 V	V	劣 V	Ⅳ	Ⅳ	Ⅳ
洪河	Ⅳ	劣 V	劣 V	V	V	V
黑茨河	劣 V	劣 V	劣 V	劣 V	劣 V	劣 V
谷河	Ⅳ	Ⅳ	Ⅳ	Ⅳ	Ⅳ	V
奎河	劣 V	劣 V	劣 V	劣 V	V	劣 V
新汴河	Ⅳ～V	Ⅳ	Ⅳ	Ⅳ	Ⅳ	Ⅳ
淠河 总干渠	Ⅱ	Ⅱ	Ⅱ	Ⅱ	Ⅱ	Ⅱ
淠河	Ⅱ	Ⅲ	Ⅲ	Ⅲ	Ⅲ	Ⅲ
淠东干渠	Ⅰ～Ⅲ	Ⅳ	Ⅲ	Ⅲ	Ⅲ	Ⅲ
东淝河	Ⅲ	Ⅲ	Ⅲ	Ⅲ	Ⅲ	Ⅲ
沣河	Ⅲ	Ⅲ	Ⅲ	Ⅲ	Ⅲ	Ⅲ
史河	Ⅱ	Ⅱ	Ⅱ	Ⅱ	Ⅱ	Ⅱ
西淝河	Ⅳ	Ⅳ	Ⅲ	Ⅲ	Ⅳ	Ⅳ
惠济河	劣 V	劣 V	劣 V	劣 V	劣 V	劣 V
涡河	劣 V	劣 V	V	V	劣 V	劣 V
东淝河	—	—	—	Ⅱ	Ⅱ	Ⅱ
西淝河	—	—	—	Ⅱ	Ⅱ	Ⅱ
黄尾河	—	—	—	Ⅱ	Ⅱ	Ⅱ

（续表）

河流	2010 年	2011 年	2012 年	2013 年	2014 年	2015 年
漫水河	—	—	—	Ⅱ	Ⅱ	Ⅱ
南沙河	—	Ⅲ	Ⅲ	Ⅲ	Ⅲ	Ⅲ
怀洪新河	—	Ⅳ	Ⅲ	Ⅲ	Ⅲ	Ⅲ
汲河	—	—	—	Ⅲ	Ⅲ	Ⅲ
新濉河	—	Ⅴ	Ⅳ	Ⅳ	Ⅳ	Ⅳ
澥河	—	Ⅳ	Ⅳ	Ⅳ	Ⅲ	Ⅳ
濠河	—	Ⅳ	Ⅳ	Ⅳ	Ⅳ	Ⅳ
运料河	—	Ⅴ	Ⅳ	Ⅴ	劣Ⅴ	Ⅴ
灌沟河	—	劣Ⅴ	劣Ⅴ	劣Ⅴ		Ⅴ
闫河	—	Ⅴ	Ⅴ	Ⅴ	劣Ⅴ	Ⅴ
王引河	—	劣Ⅴ	劣Ⅴ	劣Ⅴ	劣Ⅴ	劣Ⅴ
小洪河	—	劣Ⅴ	劣Ⅴ	劣Ⅴ	劣Ⅴ	Ⅴ
包河	—	劣Ⅴ	劣Ⅴ	劣Ⅴ	劣Ⅴ	Ⅴ
武家河	—	劣Ⅴ	劣Ⅴ	劣Ⅴ	劣Ⅴ	劣Ⅴ
赵王河	—	劣Ⅴ	劣Ⅴ	劣Ⅴ	劣Ⅴ	劣Ⅴ
油河	—	劣Ⅴ	劣Ⅴ	劣Ⅴ	劣Ⅴ	Ⅴ
郎溪河	—	劣Ⅴ	Ⅴ	劣Ⅴ	劣Ⅴ	劣Ⅴ
龙河	—	劣Ⅴ	劣Ⅴ	劣Ⅴ	劣Ⅴ	劣Ⅴ

④ 出入境断面水质变化

"十二五"期间，淮河干流入境王家坝断面（豫—皖）水质类别无明显变化均为Ⅳ类、出境小柳巷断面（皖—苏）水质类别无明显变化水质均为Ⅲ类；支流 19 个入境断面中，浍河临涣集（豫—皖）断面水质由Ⅳ类下降为Ⅴ类，灌沟河房上（苏—皖）和洪河陶老（豫—皖）2 个断面均由劣Ⅴ类好转为Ⅴ类；3 个出境断面中，新汴河泗县公路桥（皖—苏）断面水质由Ⅳ类好转为Ⅲ类，其余 2 个出境断面水质均无明显变化。

表 10－19 省辖淮河流域出入境断面水质类别

序号	河流	断面	2010 年	2011 年	2012 年	2013 年	2014 年	2015 年
1	淮河	王家坝（豫—皖）	Ⅳ	Ⅳ	Ⅳ	Ⅳ	Ⅳ	Ⅳ
2	淮河	小柳巷（皖—苏）	Ⅲ	Ⅲ	Ⅲ	Ⅲ	Ⅲ	Ⅲ
3	沱河	小王桥（豫—皖）	劣Ⅴ	Ⅴ	Ⅴ	Ⅴ	劣Ⅴ	Ⅴ
4	浍河	临涣集（豫—皖）	Ⅳ	Ⅳ	Ⅳ	Ⅳ	Ⅳ	Ⅴ
5	王引河	任圩孜桥（豫—皖）	劣Ⅴ	劣Ⅴ	劣Ⅴ	劣Ⅴ	劣Ⅴ	劣Ⅴ

（续表）

序号	河流	断面	2010 年	2011 年	2012 年	2013 年	2014 年	2015 年
6	新濉河	泗县八里桥（皖—苏）	IV	IV	IV	IV	IV	IV
7	涡河	亳州（豫—皖）	劣V	劣V	劣V	劣V	劣V	劣V
8	惠济河	刘寨村后（豫—皖）	劣V	劣V	劣V	劣V	劣V	劣V
9	小洪河	古井（豫—皖）	劣V	劣V	劣V	劣V	劣V	劣V
10	包河	颜集（豫—皖）	劣V	劣V	劣V	劣V	劣V	劣V
11	武家河	五马（豫—皖）	劣V	劣V	劣V	劣V	劣V	劣V
12	赵王河	十河（豫—皖）	劣V	劣V	劣V	劣V	劣V	劣V
13	油河	双沟（豫—皖）	劣V	劣V	劣V	劣V	劣V	劣V
14	奎河	杨庄（苏—皖）	劣V	劣V	劣V	劣V	劣V	劣V
15	新汴河	泗县公路桥（皖—苏）	III	IV	IV	IV	III	III
16	运料河	下楼公路桥（苏—皖）	IV	V	IV	劣V	V	V
17	灌沟河	房上（苏—皖）		劣V	V	V	V	V
18	郎溪河	伊桥（苏—皖）	劣V	劣V	V	劣V	劣V	劣V
19	闫河	林庄（苏—皖）	IV	V	V	劣V	V	V
20	颍河	界首七渡口（豫—皖）	劣V	劣V	劣V	V	劣V	劣V
21	黑茨河	张大桥（豫—皖）	劣V	劣V	劣V	劣V	劣V	劣V
22	泉河	许庄（豫—皖）	V	V	劣V	V	V	V
23	洪河	陶老（豫—皖）	V	劣V	劣V	V	V	V
24	史河	红石嘴（皖—豫）	II	II	II	II	II	II

⑤ 主要污染指标呈下降趋势

"十二五"期间，省辖淮河流域主要污染指标五日生化需氧量下降13.8%，氨氮浓度下降45.8%，高锰酸盐指数、化学需氧量和总磷变化不明显。氨氮浓度呈显著下降趋势，其他主要污染指标变化趋势不显著。

与"十一五"末相比，各项主要污染物指标均有所下降，其中氨氮下降63.3%，高锰酸盐指数、五日生化需氧量和化学需氧量分别下降12.4%、22.9%和9.8%。

表 10-20　省辖淮河流域主要污染指标浓度变化　　　　　　单位：mg/L

年度	五日生化需氧量	高锰酸盐指数	化学需氧量	氨氮	总磷
2010 年	6.06	6.80	28.30	2.10	0.27
2011 年	5.42	5.92	24.92	1.42	0.24
2012 年	5.03	5.72	23.8	1.14	0.23
2013 年	4.53	5.55	23.33	0.80	0.18

（续表）

年度	五日生化需氧量	高锰酸盐指数	化学需氧量	氨氮	总磷
2014 年	4.70	5.61	24.89	0.80	0.18
2015 年	4.67	5.96	25.53	0.77	0.21
秩相关系数	−0.700	0.100	0.300	−0.975	−0.667
变化趋势	—	—	—	显著下降	—

（3）长江流域

① 长江流域总体水质无明显变化

"十二五"期间，省辖长江流域总体水质状况无明显变化，Ⅰ～Ⅲ类水质断面比例下降1.4个百分点；劣Ⅴ类断面比例下降1.6个百分点。

与"十一五"末相比，长江流域总体水质状况有所好转，Ⅰ～Ⅲ类水质断面比例上升8.4个百分点，劣Ⅴ类断面比例下降1.7个百分点。

表 10 - 21　省辖长江流域水质类别比例年际变化

年度	监测断面/个	断面比例%					
		Ⅰ类	Ⅱ类	Ⅲ类	Ⅳ类	Ⅴ类	劣Ⅴ类
2010	58	0.0	46.6	29.3	13.8	8.6	1.7
2011	63	0.0	47.6	38.1	7.9	4.8	1.6
2012	63	0.0	50.8	34.9	11.1	3.2	0.0
2013	70	1.4	51.4	30.1	10.0	5.7	1.4
2014	70	1.4	61.4	18.6	10.0	7.1	1.4
2015	70	0.0	64.3	20.0	11.4	4.3	0.0

② 干流水质保持优良

"十二五"期间，长江干流安徽段水质均保持在Ⅱ类。

与"十一五"末相比，长江干流安徽段水质保持优良。

③ 支流水质有所好转

"十二五"期间，省辖长江支流水质无明显变化。

与"十一五"末相比，省辖长江支流水质由轻度污染好转为良好，Ⅰ～Ⅲ类水质断面比例上升14.8个百分点，劣Ⅴ类断面比例下降2.6个百分点。

表 10 - 22　省辖长江流域各河流水质类别变化

河流	2010 年	2011 年	2012 年	2013 年	2014 年	2015 年
青山河	—	Ⅱ	Ⅱ	Ⅲ	Ⅱ	Ⅲ
漳河	—	Ⅱ	Ⅱ	Ⅱ	Ⅱ	Ⅱ
青弋江	Ⅱ	Ⅱ	Ⅱ	Ⅱ	Ⅱ	Ⅱ

（续表）

河流	2010 年	2011 年	2012 年	2013 年	2014 年	2015 年
东津河	—	Ⅱ	Ⅱ	Ⅱ	Ⅱ	Ⅱ
秋浦河	Ⅱ	Ⅱ	Ⅱ	Ⅱ	Ⅱ	Ⅱ
白洋河	Ⅱ	Ⅱ	Ⅱ	Ⅱ	Ⅱ	Ⅱ
九华河	Ⅱ	Ⅱ	Ⅲ	Ⅱ	Ⅱ	Ⅱ
青通河	Ⅱ	Ⅱ	Ⅲ	Ⅱ	Ⅱ	Ⅱ
黄湓河	Ⅱ	Ⅱ	Ⅱ	Ⅱ	Ⅱ	Ⅱ
尧渡河	Ⅱ	Ⅱ	Ⅱ	Ⅱ	Ⅱ	Ⅱ
皖河	—	Ⅱ	Ⅱ	Ⅱ	Ⅱ	Ⅱ
华阳河	—	Ⅱ	Ⅱ	Ⅱ	Ⅱ	Ⅱ
鹭鸶河	—	Ⅱ	Ⅱ	Ⅱ	Ⅱ	Ⅱ
清溪河	—	Ⅱ	Ⅱ	Ⅱ	Ⅱ	Ⅱ
陵阳河	—	Ⅱ	Ⅱ	Ⅱ	Ⅱ	Ⅲ
闾江	—	Ⅱ	Ⅱ	Ⅱ	Ⅱ	Ⅱ
得胜河	—	Ⅲ	Ⅲ	Ⅲ	Ⅲ	Ⅲ
姑溪河	—	Ⅲ	Ⅲ	Ⅱ	Ⅲ	Ⅱ
黄浒河	—	Ⅲ	Ⅱ	Ⅱ	Ⅱ	Ⅲ
水阳江	Ⅱ	Ⅲ	Ⅲ	Ⅲ	Ⅲ	Ⅲ
西津河	—	Ⅲ	Ⅲ	Ⅱ	Ⅲ	Ⅱ
顺安河	—	Ⅲ	Ⅲ	Ⅲ	Ⅲ	Ⅲ
长河	—	Ⅲ	Ⅲ	Ⅲ	Ⅲ	Ⅲ
泗安河	—	Ⅲ	Ⅲ	Ⅲ	Ⅳ	Ⅲ
清流河	Ⅳ	Ⅳ	Ⅳ	Ⅳ	Ⅳ	Ⅳ
襄河	Ⅳ	Ⅳ	Ⅳ	Ⅳ	Ⅳ	Ⅳ
采石河	Ⅳ	Ⅳ	Ⅳ	Ⅳ	Ⅲ	Ⅲ
滁河	Ⅲ	Ⅳ	Ⅳ	Ⅳ	Ⅳ	Ⅳ
来河	劣Ⅴ	Ⅴ	Ⅴ	Ⅴ	Ⅴ	Ⅴ
雨山河	Ⅴ	Ⅴ	Ⅴ	Ⅴ	Ⅴ	Ⅳ
慈湖河	Ⅴ	Ⅴ	Ⅳ	Ⅴ	Ⅴ	Ⅴ
梅溧河	—	劣Ⅴ	Ⅳ	Ⅴ	Ⅴ	Ⅳ
潜水	—	—	—	Ⅱ	Ⅱ	Ⅱ
皖水	—	—	—	Ⅱ	Ⅱ	Ⅱ
凉亭河	—	—	—	Ⅲ	Ⅱ	Ⅱ
二郎河	—	—	—	Ⅲ	Ⅱ	Ⅱ

（续表）

河流	2010 年	2011 年	2012 年	2013 年	2014 年	2015 年
桐汭河	—	—	—	Ⅳ	Ⅳ	Ⅲ
无量溪河	—	—	—	劣Ⅴ	劣Ⅴ	Ⅴ

④ 出入境断面水质变化

"十二五"期间，长江干流入境香口断面（赣—皖）水质类别由Ⅱ类变为Ⅲ类、出境断面江宁三兴村（皖—苏）和倒湖（皖—赣）断面水质无明显变化均为Ⅱ类，乌江（皖—苏）断面水质由Ⅲ类变为Ⅱ类，汊河（皖—苏）水质无明显变化均为Ⅳ类，殷桥（皖—浙）断面水质由劣Ⅴ类好转为Ⅳ类。

表 10 - 23　省辖长江流域出入境断面水质类别

序号	河流	断面	2010 年	2011 年	2012 年	2013 年	2014 年	2015 年
1	长江	香口（赣—皖）	—	Ⅱ	Ⅱ	Ⅱ	Ⅱ	Ⅲ
2	长江	三兴村（皖—苏）	Ⅱ	Ⅱ	Ⅱ	Ⅱ	Ⅱ	Ⅱ
3	长江	乌江（皖—苏）	—	Ⅲ	Ⅱ	Ⅱ	Ⅱ	Ⅱ
4	滁河	汊河（皖—苏）	Ⅳ	Ⅳ	Ⅳ	Ⅳ	Ⅴ	Ⅳ
5	梅溧河	殷桥（皖—浙）	—	劣Ⅴ	Ⅳ	Ⅴ	Ⅴ	Ⅳ
6	阊江	倒湖（皖—赣）	—	Ⅱ	Ⅱ	Ⅱ	Ⅱ	Ⅱ

⑤ 主要污染指标呈下降趋势

"十二五"期间，省辖长江流域主要污染指标氨氮浓度下降18.8%，高锰酸盐指数、总磷和化学需氧量分别下降7.5%、9.1%和10.6%，五日生化需氧量变化不明显。

与"十一五"末相比，各项主要污染物指标均有所下降，其中氨氮和总磷显著下降，分别下降40.9%和23.1%，高锰酸盐指数、五日生化需氧量和化学需氧量分别下降10.0%、16.1%和13.7%。

表 10 - 24　省辖长江流域主要污染指标浓度变化　　　　单位：mg/L

年度	五日生化需氧量	高锰酸盐指数	化学需氧量	氨氮	总磷
2010 年	2.49	3.00	13.03	0.66	0.13
2011 年	2.00	2.92	12.58	0.48	0.11
2012 年	2.07	2.98	12.75	0.43	0.10
2013 年	2.20	3.02	12.91	0.43	0.09
2014 年	2.17	2.86	12.59	0.45	0.10
2015 年	2.09	2.70	11.25	0.39	0.10
秩相关系数	0.600	−0.600	−0.300	−0.667	−0.447
变化趋势	—	—	—	—	—

（4）新安江流域

"十二五"期间，省辖新安江流域总体水质状况保持优，所有断面水质均达到Ⅲ类。与"十一五"末相比，省辖新安江流域总体水质状况无明显变化。

表 10-25　省辖新安江流域水质类别比例年际变化

年度	监测断面/个	断面比例%					
		Ⅰ类	Ⅱ类	Ⅲ类	Ⅳ类	Ⅴ类	劣Ⅴ类
2010	8	0.0	87.5	12.5	0.0	0.0	0.0
2011	8	0.0	100	0	0.0	0.0	0.0
2012	8	0.0	100	0	0.0	0.0	0.0
2013	8	0.0	87.5	12.5	0.0	0.0	0.0
2014	8	0.0	75.0	25.0	0.0	0.0	0.0
2015	8	0.0	87.5	12.5	0.0	0.0	0.0

（5）巢湖流域

① 湖区总体水质及富营养化程度均无明显变化

"十二五"期间，湖体总体水质一直为Ⅳ类，呈轻度污染，水体一直呈轻度富营养。

与"十一五"末相比，湖体总体水质及富营养化程度均无明显变化。

其中东半湖水质无明显变化，一直为Ⅳ类，水体一直呈轻度富营养状态。6个测点中东半湖湖心和忠庙2个测点水质由Ⅴ类好转为Ⅳ类。与"十一五"末相比，东半湖水质均为Ⅳ类，富营养化程度均为轻度富营养。

西半湖水质无明显变化，一直为Ⅴ类，富营养状态由中度富营养好转为轻度富营养。与"十一五"末相比，西半湖水质均为Ⅴ类，富营养状态由中度富营养好转为轻度富营养。

表 10-26　巢湖湖区水质类别比例年际变化

巢湖湖区	西半湖		东半湖		全湖	
	水质类别	富营养化指数	水质类别	富营养化指数	水质类别	富营养化指数
2010 年	Ⅴ	64.2	Ⅳ	51.1	Ⅳ	59.0
2011 年	Ⅴ	60.8	Ⅳ	52.3	Ⅳ	56.1
2012 年	Ⅴ	61	Ⅳ	52.9	Ⅳ	56.8
2013 年	Ⅴ	60.1	Ⅳ	51.8	Ⅳ	55.3
2014 年	Ⅴ	63.2	Ⅳ	50.2	Ⅳ	56.4
2015 年	Ⅴ	59.2	Ⅳ	52.9	Ⅳ	55.4

② 湖区总氮浓度有所上升，总磷浓度略有下降

"十二五"期间，全湖总氮浓度上升 5.6%，总磷浓度下降 2.0%。其中东半湖总氮浓度上升 20.0%，总磷浓度下降 15.2%；西半湖总氮浓度下降 5.9%，总磷浓度上升 20.2%。

与"十一五"末相比，全湖平均总磷和总氮浓度分别下降 1.0% 和 5.9%，其中东半湖总磷和总氮浓度分别上升 11.4% 和 18.2%；西半湖总磷浓度上升 7.0%，总氮浓度基本持平。

表 10 - 27　巢湖湖体主要污染指标年际比较　　　　　　　　　　单位：mg/L

		2010 年	2011 年	2012 年	2013 年	2014 年	2015 年	秩相关系数	变化趋势
总氮	东半湖	1.000	0.985	1.153	1.078	0.998	1.182	0.600	—
	西半湖	2.308	2.447	2.437	2.578	2.923	2.302	−0.100	—
	全湖	1.654	1.473	1.581	1.578	1.640	1.556	0.300	—
总磷	东半湖	0.070	0.092	0.077	0.065	0.061	0.078	−0.400	—
	西半湖	0.128	0.114	0.088	0.122	0.110	0.137	0.500	—
	全湖	0.099	0.100	0.081	0.084	0.077	0.098	−0.300	—

③ 环湖河流总体水质状况明显好转

"十二五"期间，巢湖环湖河流总体水质状况明显好转，Ⅰ～Ⅲ类水质断面比例上升 42.1 个百分点，劣Ⅴ类断面比例无明显变化。

与"十一五"末相比，巢湖环湖河流总体水质状况明显好转，Ⅰ～Ⅲ类水质断面比例上升 22.0 个百分点，劣Ⅴ类断面比例下降 4.1 个百分点。

表 10 - 28　巢湖环湖河流水质类别比例年际变化

年度	监测断面/个	断面比例%					
		Ⅰ类	Ⅱ类	Ⅲ类	Ⅳ类	Ⅴ类	劣Ⅴ类
2010	28	0.0	0.0	46.4	17.9	0.0	35.7
2011	19	0.0	5.3	21.1	42.1	0.0	31.6
2012	19	0.0	15.8	36.8	15.8	0.0	31.6
2013	19	0.0	21.1	42.1	5.3	0.0	31.6
2014	19	0.0	10.5	57.9	5.3	0.0	26.3
2015	19	0.0	5.3	63.2	0.0	0.0	31.6

"十二五"期间，11 条主要河流中，杭埠河水质明显好转，由轻度污染（Ⅳ类）好转为优（Ⅱ类）；白石天河、柘皋河、裕溪河和丰乐河有所好转，均由轻度污染（Ⅳ类）好转为良好（Ⅲ类）。

南淝河、十五里河、派河、双桥河和店埠河水质无明显变化，常年为重度污染（劣Ⅴ类）；兆河水质保持良好（Ⅲ类）。

与"十一五"末相比，丰乐河水质有所好转，由Ⅳ类好转为Ⅲ类；杭埠河水质明显好转，由Ⅳ类好转为Ⅱ类；南淝河、十五里河、派河、白石天河、兆河、柘皋河、裕溪河、双桥河和店埠河水质无明显变化。

表 10-29　巢湖环湖河流水质变化趋势分析

河流名称	2010 年	2011 年	2012 年	2013 年	2014 年	2015 年
南淝河	劣Ⅴ	劣Ⅴ	劣Ⅴ	劣Ⅴ	劣Ⅴ	劣Ⅴ
十五里河	劣Ⅴ	劣Ⅴ	劣Ⅴ	劣Ⅴ	劣Ⅴ	劣Ⅴ
派河	劣Ⅴ	劣Ⅴ	劣Ⅴ	劣Ⅴ	劣Ⅴ	劣Ⅴ
杭埠河	Ⅳ	Ⅳ	Ⅳ	Ⅱ	Ⅲ	Ⅱ
白石天河	Ⅲ	Ⅳ	Ⅲ	Ⅲ	Ⅲ	Ⅲ
兆河	Ⅲ	Ⅲ	Ⅲ	Ⅲ	Ⅲ	Ⅲ
柘皋河	Ⅲ	Ⅳ	Ⅲ	Ⅲ	Ⅲ	Ⅲ
裕溪河	Ⅲ	Ⅳ	Ⅲ	Ⅱ	Ⅱ	Ⅲ
双桥河	劣Ⅴ	劣Ⅴ	劣Ⅴ	劣Ⅴ	Ⅳ	劣Ⅴ
丰乐河	Ⅳ	Ⅳ	Ⅳ	Ⅲ	Ⅲ	Ⅲ
店埠河	劣Ⅴ	劣Ⅴ	劣Ⅴ	劣Ⅴ	劣Ⅴ	劣Ⅴ

④ 环湖河流主要污染指标呈下降趋势

"十二五"期间，巢湖环湖河流主要污染指标总磷和氨氮浓度下降明显，分别下降36.5%和28.0%，五日生化需氧量、高锰酸盐指数和化学需氧量分别下降1.7%、3.2%和9.4%。

与"十一五"末相比，各项主要污染物指标均有所下降，其中总磷和氨氮浓度下降明显，分别下降34.3%和36.0%，五日生化需氧量、高锰酸盐指数和化学需氧量分别下降19.0%、12.0%和20.6%。

表 10-30　巢湖环湖河流主要污染指标比较　　　　单位：mg/L

年度	五日生化需氧量	高锰酸盐指数	化学需氧量	氨氮	总磷
2010 年	3.58	5.24	24.04	3.42	0.318
2011 年	2.95	4.76	21.07	3.04	0.329
2012 年	3.03	5.06	20.95	3.51	0.324
2013 年	2.60	4.81	20.63	3.28	0.337
2014 年	2.59	4.58	19.05	2.40	0.263
2015 年	2.90	4.61	19.09	2.19	0.209
秩相关系数	−0.600	−0.600	−0.900	−0.700	−0.700
变化趋势	—	—	显著下降	—	—

（6）其他湖泊、水库

① 总体水质有所好转

"十二五"期间，安徽省其他湖库总体水质状况由良好好转为优，Ⅰ～Ⅲ类水质测点比例上升5.0个百分点；无劣Ⅴ类测点。

表 10-31　其他湖泊、水库水质类别比例年际变化

年度	监测断面/个	断面比例%					
		Ⅰ类	Ⅱ类	Ⅲ类	Ⅳ类	Ⅴ类	劣Ⅴ类
2010	51	0.0	31.4	41.2	21.6	5.9	0.0
2011	56	0.0	35.7	53.6	10.7	0.0	0.0
2012	56	0.0	55.4	37.5	7.1	0.0	0.0
2013	53	5.7	47.2	41.5	5.7	0.0	0.0
2014	53	3.8	56.6	32.1	5.7	1.9	0.0
2015	53	3.8	50.9	39.6	5.7	0.0	0.0

"十二五"期间，27座湖库中，董铺水库、城西水库、龙河口水库、佛子岭水库、响洪甸水库、磨子潭水库、梅山水库、太平湖、大房郢水库、女山湖、高邮湖、凤阳山水库、沙河水库、南漪湖、港口湾水库、石臼湖、牯牛背水库、丰乐湖、奇墅湖和花亭湖等20座湖库水质保持优良。

与"十一五"末相比，可比的10座湖库中，女山湖和升金湖水质由轻度污染好转为良好，城西水库、龙河口水库和佛子岭水库由良好好转为优，董铺水库水质保持良好，响洪甸水库、磨子潭水库、梅山水库和太平湖水质保持优。

表 10-32　安徽省其他湖库水质类别变化

湖库	2010 年	2011 年	2012 年	2013 年	2014 年	2015 年
董铺水库	Ⅲ	Ⅲ	Ⅲ	Ⅲ	Ⅲ	Ⅲ
城西水库	Ⅲ	Ⅱ	Ⅱ	Ⅱ	Ⅱ	Ⅱ
龙河口水库	Ⅲ	Ⅲ	Ⅱ	Ⅲ	Ⅲ	Ⅱ
佛子岭水库	Ⅲ	Ⅲ	Ⅱ	Ⅱ	Ⅱ	Ⅱ
响洪甸水库	Ⅱ	Ⅱ	Ⅱ	Ⅱ	Ⅱ	Ⅱ
磨子潭水库	Ⅱ	Ⅱ	Ⅱ	Ⅱ	Ⅱ	Ⅱ
梅山水库	Ⅱ	Ⅱ	Ⅱ	Ⅱ	Ⅱ	Ⅱ
升金湖	Ⅳ	Ⅳ	Ⅳ	Ⅲ	Ⅲ	Ⅲ
太平湖	Ⅱ	Ⅱ	Ⅱ	Ⅰ	Ⅰ	Ⅱ
大房郢水库	—	Ⅲ	Ⅲ	Ⅲ	Ⅲ	Ⅲ
瓦埠湖	—	Ⅳ	Ⅲ	Ⅲ	Ⅲ	Ⅲ

（续表）

湖库	2010 年	2011 年	2012 年	2013 年	2014 年	2015 年
高塘湖	—	IV	III	III	IV	IV
女山湖	IV	III	III	III	III	III
高邮湖	—	III	III	III	III	III
凤阳山水库	—	III	III	III	III	III
沙河水库	—	II	III	II	III	III
南漪湖	—	III	III	III	III	III
港口湾水库	—	II	III	III	II	II
石臼湖	—	III	III	III	III	III
武昌湖	—	III	IV	III	III	III
菜子湖	—	IV	IV	IV	IV	III
龙感湖	—	IV	IV	IV	V	IV
牯牛背水库	—	III	III	III	III	III
丰乐湖	—	III	III	II	II	III
奇墅湖	—	III	III	III	III	III
黄湖	—	—	—	IV	IV	IV
花亭湖	—	—	—	II	II	II

② 总磷浓度下降 21.2%

"十二五"期间，安徽省其他湖库主要污染指标总磷浓度下降 18.2%；五日生化需氧量下降 3.2%；总氮浓度上升 20.1%。

与"十一五"末相比，各项主要污染物指标均有所下降，总磷、五日生化需氧量和总氮分别下降 34.1%、21.6% 和 13.5%。

表 10-33　安徽省其他湖库主要污染指标比较　　　　　单位：mg/L

年度	总磷	总氮	五日生化需氧量
2010 年	0.041	0.904	2.32
2011 年	0.033	0.651	1.88
2012 年	0.029	0.681	1.82
2013 年	0.029	0.701	1.85
2014 年	0.029	0.753	1.87
2015 年	0.027	0.782	1.82
秩相关系数	−0.894	1.000	−0.462
变化趋势	显著下降	显著上升	—

③ 营养状态总体稳定

"十二五"期间，安徽省其他湖库营养状态总体稳定，除瓦埠湖、高塘湖、南漪湖和龙感湖出现轻度富营养状态，其余湖库水体均未出现富营养状态。

表 10 - 34　安徽省其他湖库富营养化指数变化

湖库	2010 年	2011 年	2012 年	2013 年	2014 年	2015 年
董铺水库	中营养	中营养	中营养	中营养	中营养	中营养
城西水库	中营养	中营养	中营养	中营养	中营养	中营养
女山湖	轻度富营养	中营养	中营养	—	—	—
龙河口水库	中营养	中营养	中营养	中营养	中营养	中营养
佛子岭水库	中营养	中营养	中营养	中营养	中营养	中营养
响洪甸水库	中营养	中营养	中营养	中营养	中营养	中营养
磨子潭水库	中营养	中营养	中营养	中营养	中营养	中营养
梅山水库	中营养	中营养	中营养	中营养	中营养	中营养
升金湖	—	—	中营养	中营养	中营养	中营养
太平湖	中营养	中营养	中营养	贫营养	中营养	贫营养
大房郢水库	—	中营养	中营养	中营养	中营养	中营养
瓦埠湖	—	中营养	中营养	轻度富营养	中营养	中营养
高塘湖	—	轻度富营养	轻度富营养	轻度富营养	轻度富营养	轻度富营养
女山湖	—	中营养	中营养	中营养	中营养	中营养
高邮湖	—	中营养	中营养	中营养	中营养	中营养
凤阳山水库	—	中营养	中营养	中营养	中营养	中营养
沙河水库	—	中营养	中营养	中营养	中营养	中营养
南漪湖	—	轻度富营养	轻度富营养	轻度富营养	中营养	轻度富营养
港口湾水库	—	中营养	中营养	中营养	中营养	中营养
石臼湖	—	中营养	中营养	中营养	中营养	中营养
武昌湖	—	中营养	中营养	中营养	中营养	中营养
菜子湖	—	中营养	中营养	中营养	中营养	中营养
龙感湖	—	中营养	中营养	中营养	轻度富营养	轻度富营养
牯牛背水库	—	中营养	中营养	中营养	中营养	中营养
丰乐湖	—	中营养	中营养	中营养	中营养	中营养
奇墅湖	—	中营养	中营养	中营养	中营养	中营养
黄湖	—	—	—	中营养	中营养	中营养
花亭湖	—	—	—	中营养	中营养	中营养

10.2 集中式饮用水水源地水质状况

10.2.1 2015 年水质现状

（1）总体水质达标率96.9%

2015年，全省16个地级城市和6个县级市共监测45个集中式饮用水水源地，其中地表水水源地31个、地下水水源地14个。

全省城市饮用水水源地年监测取水总量124803.2万吨，其中达标水量120907.2万吨，水质达标率96.9%，较上年增加0.4个百分点。

45个水源地中40个监测全年达标，占88.9%。

16个地级城市取水总量116802.4万吨，其中达标水量114278.4万吨，水质达标率97.8%，较上年增加0.2个百分点，较2011年降低0.6个百分点，较"十一五"末增加1.9个百分点。

6个县级市取水总量8000.8万吨，其中达标水量6628.8万吨，水质达标率82.9%，较上年增加0.8个百分点，较2011年增加12.8个百分点，较"十一五"末增加13.1个百分点。

（2）地表饮用水水源地水质达标率99.0%

全省城市地表水源地年取水总量116030.6万吨，其中达标水量114838.6万吨，水质达标率为99.0%，与上年持平。

31个地表水水源地有29个全部达标，占93.5%，不达标地表水源地主要污染指标为总磷。

表 10-35　2015 年城市地表水各水源地水质达标率

城市	水源地名称	取水总量 （万吨）	达标水量 （万吨）	水质达标率 （%）
合肥	董铺水库	29938.0	29938.0	100
	大房郢水库	3060.0	3060.0	100
蚌埠	蚌埠闸上	7256.1	7256.1	100
阜阳	茨淮新河	1717.0	1717.0	100
淮南	三水厂	6438.0	6438.0	100
	袁庄水厂	307.9	307.9	100
	平山头水厂	2974.0	2974.0	100
	李嘴孜水厂	326.0	326.0	100
滁州	滁州一水厂	2861.3	2861.3	100
	滁州二水厂	3788.6	3788.6	100

（续表）

城市	水源地名称	取水总量（万吨）	达标水量（万吨）	水质达标率（％）
六安	淠河总干渠	2851.5	2851.5	100
	东城水厂	513.0	513.0	100
芜湖	芜湖一水厂	2464.5	2464.5	100
	芜湖二水厂	7085.1	7085.1	100
	芜湖四水厂	4466.4	4466.4	100
马鞍山	采石水厂	6097.0	6097.0	100
	慈湖水厂	3214.0	3214.0	100
宣城	水阳江玉山	3842.0	3842.0	100
铜陵	铜陵市水厂	3583.8	3583.8	100
	铜陵三水厂	4423.1	4423.1	100
池州	池州自来水厂	1604.0	1604.0	100
安庆	安庆三水厂	7811.5	7811.5	100
黄山	屯溪一水厂	631.0	631.0	100
	屯溪二水厂	1263.0	1263.0	100
巢湖	巢湖一水厂	1085.0	551.0	50.8
	巢湖二水厂	1129.0	471.0	41.7
明光	南沙河	1333.1	1333.1	100
宁国	三水厂	1561.0	1561.0	100
	东津河	181.0	181.0	100
桐城	牯牛背水库	1305.1	1305.1	100
天长	高邮湖	919.6	919.6	100
合　计		116030.6	114838.6	99.0

（3）氟化物影响地下饮用水水源地水质

全省城市地下水源地年取水总量8772.6万吨，达标水量6068.6万吨，水质达标率为69.2％，较上年增加3.8个百分点，较2011年降低14.5个百分点，较"十一五"末降低6.2个百分点。

14个地下水源地有11个全部达标，占78.6％，不达标地下水水源地主要受地质环境背景影响氟化物出现超标。

（4）15个地级城市和4个县级市水质达标率为100％

16个地级城市中，除亳州市外，其余15个城市集中式饮用水水源地水质全部满足饮用水水源地水质要求，水质达标率100％。亳州市氟化物出现超标。

表 10－36　2015 年城市地下水各水源地水质达标率

城市	水源地名称	取水总量（万吨）	达标水量（万吨）	水质达标率（%）
淮北	淮北财校	190.0	190.0	100
	自来水公司	177.0	177.0	100
	市政工程处	176.0	176.0	100
	一中	190.0	190.0	100
	自来水厂	207.0	207.0	100
	九一零厂	237.0	237.0	100
亳州	涡北水厂	757.0	51.0	6.7
	三水厂	1818.0	0	0
宿州	宿一水厂	340.3	340.3	100
	新水厂	2608.3	2608.3	100
阜阳	阜自来公司	530.0	530.0	100
	市加压站	527.0	527.0	100
	颍南加压站	528.0	528.0	100
界首	自来水公司	487.0	307.0	63.0
合　计		8772.6	6068.6	69.2

6 个县级市中，桐城、明光、宁国和天长市集中式饮用水水源地水质全部满足饮用水水源地水质要求，水质达标率 100%，巢湖市总磷出现超标，界首市氟化物出现超标。

表 10－37　2015 年城市集中式饮用水源地水质达标率统计

名称	水源地个数	水源地类型	取水总量（万吨）	达标水量（万吨）	达标率（%）
合肥	2	地表水（董铺、大房郢水库）	32998.0	32998.0	100
淮北	6	地下水	1177.0	1177.0	100
亳州	2	地下水	2575.0	51.0	2.0
宿州	2	地下水	2948.6	2948.6	100
蚌埠	1	地表水（淮河）	7256.1	7256.1	100
阜阳	4	地下水、地表水（茨淮新河）	3302.0	3302.0	100
淮南	4	地表水（淮河）	10045.9	10045.9	100
滁州	2	地表水（城西水库）	6649.9	6649.9	100
六安	2	地表水（淠河总干渠）	3364.5	3364.5	100
马鞍山	2	地表水（长江）	9311.0	9311.0	100

（续表）

名称	水源地个数	水源地类型	取水总量（万吨）	达标水量（万吨）	达标率（%）
芜湖	3	地表水（长江）	14016.0	14016.0	100
宣城	1	地表水（水阳江）	3842.0	3842.0	100
铜陵	2	地表水（长江）	8006.9	8006.9	100
池州	1	地表水（长江）	1604.0	1604.0	100
安庆	1	地表水（长江）	7811.5	7811.5	100
黄山	2	地表水（长江）	1894.0	1894.0	100
巢湖	2	地表水（巢湖）	2214.0	1022.0	46.2
界首	1	地下水	487.0	307.0	63.0
明光	1	地表水（南沙河）	1333.1	1333.1	100
宁国	2	地表水（西津河、东津河）	1742.0	1742.0	100
桐城	1	地表水（牯牛背水库）	1305.1	1305.1	100
天长	1	地表水（高邮湖）	919.6	919.6	100
全省	45		124803.2	120907.2	96.9

（5）县城饮用水水源地水质

2015年，全省共监测58个县城65个集中式饮用水水源地，其中地表水水源地53个、地下水水源地12个。

监测取水总量54542.9万吨，达标水量50334.9万吨，水质达标率92.3%，较上年减少1.3个百分点。

65个水源地中，50个水源地监测全年达标，占76.9%。

全省县城地表水源地年取水总量48756.3万吨，达标水量47126.3万吨，水质达标率为96.7%，较上年减少1.6个百分点。

53个地表水水源地中有43个全部达标，占81.1%，不达标地表水源地主要污染指标为总磷、溶解氧、五日生化需氧量和高锰酸盐指数。

全省县城地下水源地年取水总量5786.6万吨，达标水量3208.6万吨，水质达标率为55.4%，较上年减少12.9个百分点。

12个地下水水源地中有7个全部达标，占58.3%，不达标水源地主要污染指标为氟化物。

全省监测的58个县城集中式饮用水源地中，有46个县城监测项目全年达标，占监测县城的79.3%；12个县城出现超标，占监测县城的20.7%。

（6）水质全分析

2015年6—8月，16个地级城市的37个集中式饮用水水源地进行了水质全分析工作，其中地表水水源地24个、地下水水源地13个。

① 地表水源地水质

24 个地表水源地的 109 项指标全部达到《地表水环境质量标准》（GB3838—2002）规定的水质标准，水质达标率 100％。

合肥市董铺水库和大房郢水库综合营养指数分别为 45.8 和 44.0，滁州市城西水库一水厂和二水厂分别为 42.1 和 42.3，均达到湖库型饮用水源地规定的富营养化评价标准。

24 项基本项目和 5 项补充项目中，各水源地未检出项目在 7～12 个之间，主要未检出项目有铜、锌、硒、汞、镉、铅、铬（六价）、氰化物、石油类、挥发酚、阴离子表面活性剂和硫化物等指标，其中镉和氰化物各水源地均未检出。汞、挥发酚、铬（六价）未检出的水源地 20～22 个，阴离子表面活性剂、铅、硫化物和石油类未检出水源地在 12～19 个之间，铜、砷、锰、铁项目未检出水源地在 5～9 个之间。

80 项特定项目中，各水源地未检出项目在 71～80 个之间，检出项目有甲醛、活性氯、1，2-二氯乙烷、环氧七氯、丁基黄原酸、邻苯二甲酸二丁酯、钼、钴、硼、锑、镍、钡、钛、铊。

重金属中，钡检出率最高，为 95.8％，其次是硼、锑、钼，检出率分别为79.2％、62.5％、50.0％，钒、镍、铊检出率分别为 45.8％、41.7％、29.2％ 和12.5％。以长江为水源地的铜陵、芜湖、马鞍山市重金属检出率比较高。

有机物中，甲醛检出率最高，为 45.8％，合肥 2 个水源地检出丁基黄原酸，宣城水源地检出 1，2-二氯乙烷，六安 2 个水源地检出环氧七氯，黄山 2 个水源地检出邻苯二甲酸二丁酯。

② 地下水源地水质

13 个地下水源地有 11 个水源地 39 项指标全部达到《地下水质量标准》（GB/T 14848—93）Ⅲ类标准，水质达标率 100％，亳州市 2 个地下水源地由于地质原因氟化物超标。

23 项基本项目中，13 个地下水源地中有 11 个水源地 23 项基本项目均满足《地下水质量标准》（GB/T 14848—93）Ⅲ类标准，亳州市 2 个水源地由于地质原因氟化物出现超标，超标 0.28 倍。各水源地未检出项目在 5～17 个项目之间，主要未检出项目有高锰酸盐指数、铜、锌、阴离子表面活性剂、硝酸盐氮、亚硝酸盐氮、氰化物、砷、镉、铬（六价）、铅、汞和总大肠菌群，其中阴离子合成洗涤剂和铬（六价）各水源地均未检出。

其他 16 项项目中，各水源地检出项目在 5～10 个项目之间，检出项目有溶解性固体、细菌总数、色度、钡、碘化物、钼、浑浊度、总 α 放射性、总 β 放射性。各水源地均检出细菌总数、溶解性固体、钡和钼，检出率 100％。总 β 放射性检出率 46.2％，色度和总 α 放射性检出率 38.5％，2 个水源地检出浊度。

10.2.2 变化趋势

（1）总体平均水质达标率 97.2％

"十二五"期间，安徽省城市集中式饮用水水源地水质基本稳定，城市平均水质达标率97.2%，比"十一五"增加7.0个百分点。

水源地个数达标比例为75.0%～88.9%，平均84.4%，较"十一五"增加16.9个百分点。

表10－38　全省水源地达标率统计　　　　　　　　　　单位：万立方米

项　目	"十一五"	2011 年	2012 年	2013 年	2014 年	2015 年	合　计
取水总量	435967.6	101510.1	106163.6	116607.6	122786.0	124803.2	571870.5
达标水量	393033.6	98009.6	104449.8	113864.6	118547.7	120907.2	555778.9
水质达标率（%）	90.2	96.6	98.4	97.6	96.5	96.9	97.2
水源地个数达标比例（%）	67.5	75.0	88.9	86.7	82.2	88.9	84.4

（2）地表水水源地平均水质达标率98.7%

"十二五"期间，全省城市地表水源地平均水质达标率98.7%，比"十一五"增加8.4个百分点。

各年地表水源地个数达标比例75.9%～93.3%，平均86.6%，比"十一五"增加11.9个百分点。

表10－39　全省地表水源地达标率统计　　　　　　　　单位：万立方米

项　目	"十一五"	2011 年	2012 年	2013 年	2014 年	2015 年	合　计
取水总量	402894.6	92774.8	97493.7	107702.8	113839.6	116030.6	527841.5
达标水量	363916.4	90701.5	96024.9	106456.8	112698.0	114838.6	520719.8
水质达标率（%）	90.3	97.8	98.5	98.8	99.0	99.0	98.7
水源地个数达标比例（%）	74.7	75.9	86.7	90.0	86.7	93.5	86.6

（3）地下水水源地平均水质达标率79.6%

"十二五"期间，全省城市地下水水源地平均水质达标率79.6%，比"十一五"增加3.8个百分点。

各年地下水源地个数达标比例为73.3%～93.3%，平均80.0%，比"十一五"增加26.8个百分点。

表10－40　全省地下水源地达标率统计　　　　　　　　单位：万立方米

项　目	"十一五"	2011 年	2012 年	2013 年	2014 年	2015 年	合　计
取水总量	33073.0	8735.3	8669.9	8904.8	8946.4	8772.6	44029.0
达标水量	25082.5	7308.1	8424.9	7407.8	5849.7	6068.6	35059.1
水质达标率（%）	75.8	83.7	97.2	83.2	65.4	69.2	79.6
水源地个数达标比例（%）	53.2	73.3	93.3	80.0	73.3	78.6	80.0

（4）13 个城市水源地水质各年全部达标

16 个地级城市中有 11 个各年水质达标率均为 100%，占 68.8%。其他城市存在不同程度超标。

6 个县级市中天长和宁国 2 个城市各年水质达标率均为 100%，其他城市存在不同程度的超标。

表 10-41 全省城市超标水源地情况

超标城市	超标水源地名称	全年超标次数（次）				
		2011 年	2012 年	2013 年	2014 年	2015 年
合肥	大房郢水库	0	0	2	0	0
亳州	涡北水厂（地下水）	11	0	6	12	11
	三水厂（地下水）	9	2	6	12	12
宿州	二水厂（地下水）	0	0	0	2	0
淮南	平山头水厂（淮河）	0	0	0	1	0
	李咀孜水厂（淮河）	1	0	0	0	0
	三水厂	0	1	0	0	0
阜阳	自来水公司（地下水）	3	0	0	0	0
	加压站（地下水）	1	0	0	0	0
	茨淮新河	3	0	0	0	0
巢湖	一水厂（巢湖）	9	6	3	3	6
	二水厂（巢湖）	8	5	5	4	7
明光	新取水口（池河）	1	1	0	0	0
桐城	镜主庙水库	2	0	0	0	0
	牯牛背水库	1	0	0	2	0
界首	自来水公司	0	0	5	12	4

续表 10-41 全省城市超标水源地情况

超标城市	超标水源地名称	超标项目					最高超标倍数				
		2011 年	2012 年	2013 年	2014 年	2015 年	2011 年	2012 年	2013 年	2014 年	2015 年
合肥	大房郢水库	—	—	总磷	—	—		0.10	—	—	
亳州	涡北水厂（地下水）	氟化物	—	氟化物	氟化物	氟化物	0.57		0.42	0.33	0.40
	三水厂（地下水）	氟化物	氟化物	氟化物	氟化物	氟化物	0.55	0.07	0.54	0.51	0.53
宿州	二水厂（地下水）	—	—	—	锰					0.19	
淮南	平山头水厂（淮河）	—	—	—	总磷					0.64	
	李咀孜水厂（淮河）	氨氮	—	—	—	—	0.28				
	三水厂	—	氨氮	—	—	—		0.30			

（续表）

超标城市	超标水源地名称	超标项目					最高超标倍数				
		2011年	2012年	2013年	2014年	2015年	2011年	2012年	2013年	2014年	2015年
阜阳	自来水公司（地下水）	氟化物	—	—	—	—	0.17	—	—	—	—
	加压站（地下水）	氟化物	—	—	—	—	0.04	—	—	—	—
	茨淮新河	溶解氧、高锰酸盐指数					— 0.02				
巢湖	一水厂（巢湖）	总磷	总磷铁	总磷	总磷	总磷	0.90	0.80 0.23	0.30	0.20	1.26
	二水厂（巢湖）	总磷	总磷铁	总磷	总磷		0.92	0.72 1.03	0.72	0.48	1.16
明光	新取水口（池河）	高锰酸盐指数	高锰酸盐指数				0.05	0.08			
桐城	镜主庙水库	总磷					0.15	—	—	—	—
	牯牛背水库	总磷			总磷		0.02	—	—	0.16	—
界首	自来水公司	—	—	氟化物	氟化物	氟化物	—	—	0.90	0.90	0.50

（5）趋势分析

2011—2015年，安徽省城市集中式饮用水源地水质总体稳定，2015年水质达标率96.9%，比"十一五"末增加2.8个百分点。全省地表水源地水质呈显著上升趋势。

22个城市中淮北、蚌埠、滁州、六安、马鞍山、芜湖、宣城、铜陵、池州、安庆、黄山、天长和宁国13个城市水源地水质达标率各年均为100%；阜阳和明光市水质达标率呈显著上升。

合肥、宿州、淮南、巢湖和桐城水质达标率呈不显著上升，亳州和界首二市水质达标率呈不显著下降趋势。

表10-42　"十二五"期间安徽省城市饮用水水源地水质达标率及变化趋势

城市	2010	2011	2012	2013	2014	2015	秩相关系数	变化趋势
合肥	100	100	100	98.4	100	100	0.7	—
淮北	100	100	100	100	100	100	—	—
亳州	17.4	19.1	90.2	49.3	0	2.0	−0.6	—
宿州	88.7	100	100	100	98.3	100	0.4	—
蚌埠	100	100	100	100	100	100	—	—
阜阳	73.4	89.5	100	100	100	100	1.0	显著上升
淮南	81.1	99.5	94.5	100	97.8	100	0.5	—
滁州	100	100	100	100	100	100	—	—

（续表）

城市	2010	2011	2012	2013	2014	2015	秩相关系数	变化趋势
六安	100	100	100	100	100	100	—	—
马鞍山	100	100	100	100	100	100	—	—
芜湖	100	100	100	100	100	100	—	—
宣城	100	100	100	100	100	100	—	—
铜陵	100	100	100	100	100	100	—	—
池州	100	100	100	100	100	100	—	—
安庆	100	100	100	100	100	100	—	—
黄山	100	100	100	100	100	100	—	—
巢湖	34.8	27.9	54.1	67.3	67.1	46.2	0.3	—
界首	100	100	100	57.6	0	63.0	—0.6	—
明光	100	91.2	91.6	100	100	100	1.0	显著上升
宁国	100	100	100	100	100	100	—	—
桐城	62.1	97.5	100	100	83.4	100	0.4	—
天长			100	100	100	100	—	—
全省	94.1	96.6	98.4	97.6	96.5	96.9	—0.2	—
地表水	95.8	97.8	98.5	98.8	99.0	99.0	1.0	显著上升
地下水	75.4	83.7	97.2	83.2	65.4	69.2	0.1	—
16个地级市	93.8	98.4	99.3	98.4	97.8	97.8	—0.6	—
16个地级市地表水	95.6	99.9	99.5	99.5	99.8	100	0.7	—
16个地级市地下水	74.4	83.0	97.0	84.8	69.5	69.5	—0.6	—

（6）县城水源地

① 总体平均水质达标率91.0%

"十二五"期间，全省县城平均水质达标率91.0%，达标率近年有所增加。

县城水源地个数达标比例为59.7%～86.7%，平均74.9%，近年有所增加。

表 10-43　"十二五"期间县城水源地总体水质达标率统计　　单位：万立方米

项　目	2013 年	2014 年	2015 年	合计
取水总量	46372.5	53508.7	54542.9	154424.1
达标水量	39986.9	50109.2	50334.9	140431.0
水质达标率（%）	86.2	93.6	92.3	91.0
水源地个数达标比例（%）	59.7	86.7	76.9	74.9

② 县城地表水源地平均水质达标率 95.5%

"十二五"期间，县城地表水源地水质达标率 91.2%～98.3%，平均水质达标率 95.5%。

地表水源地个数达标比例 77.1%～92.3%，平均 83.7%。

表 10-44 "十二五"期间县城地表水源地平均水质达标率统计 单位：万立方米

项 目	2013 年	2014 年	2015 年	合 计
取水总量	41708.0	45218.0	48756.3	135682.3
达标水量	38051.3	44443.0	47126.3	129620.6
水质达标率（%）	91.2	98.3	96.7	95.5
水源地个数达标比例（%）	77.1	92.3	81.1	83.7

③ 县城地下水源地平均水质达标率 57.7%

"十二五"期间，县城地下水源地水质达标率 41.5%～68.3%，平均水质达标率 57.7%。

地下水源地个数达标比例 15.8%～73.9%，平均 50.0%。

表 10-45 "十二五"期间县城地下水源地水质达标率统计 单位：万立方米

项 目	2013 年	2014 年	2015 年	合 计
取水总量	4664.5	8290.7	5786.6	18741.8
达标水量	1935.6	5666.2	3208.6	10810.4
水质达标率（%）	41.5	68.3	55.4	57.7
水源地达标比例（%）	15.8	73.9	58.3	50.0

（7）地级市水源地全指标分析

① 地表水源地

"十二五"期间，安徽省地级市 24 个地表集中式饮用水源地 109 项主要指标，全部达到《地表水环境质量标准》（GB3838—2002）规定的水质标准，水质达标率 100%。

24 项基本项目和 5 项补充项目中，未检出项目在 4～14 个之间，主要未检出项目有铜、锌、硒、汞、镉、铅、铬（六价）、氰化物、石油类、挥发酚、阴离子表面活性剂和硫化物等指标，其中氰化物各水源地各年度均未检出，镉 2015 年各水源地均未检出。

80 项特定项目中，各水源地未检出项目在 63～80 个之间，检出频次较高的项目主要有钡、硼、锑、钛、钼和甲醛，检出率分别为 93%、70%、54%、53%、49% 和 39%，以长江为水源地的城市重金属检出率比较高。

有机物邻苯二甲酸二丁酯和邻苯二甲酸二酯（2－乙基己基）2012年检出率比较高，分别达到83％和78％，近两年仅有个别城市个别水源地检出。

钒、钴、镍、铊、丁基黄原酸、水合肼也常有水源地检出。

② 地下水源地

"十二五"期间，13个地下水源地有11个水源地39项指标全部达到《地下水质量标准》（GB/T 14848—93）Ⅲ类标准，水质达标率100％，亳州市2个地下水源地由于地质原因氟化物超标。

23项基本项目中，各水源地未检出项目在2～17个之间，主要未检出项目有高锰酸盐指数、铜、锌、阴离子表面活性剂、硝酸盐氮、亚硝酸盐氮、氰化物、砷、镉、六价铬、铅、汞和总大肠菌群。

其他16项指标中，各水源地检出项目在6～13个项目之间，检出项目有溶解性固体、细菌总数、色度、钡、碘化物、钼、浑浊度、总α放射性、总β放射性，其中各水源地均检出细菌总数和钡，各年各水源地均有检出，检出率100％，其次是溶解性固体、总β放射性、总α放射性和钼，检出率分别为83.9％、73.2％、60.7％和55.4％。

10.3 地下水水质状况

10.3.1 2015年水质现状

（1）城市地下水水质

2015年，淮北、亳州、宿州和阜阳市开展了地下水水质监测，共监测13个井位，其中1个井位水质优良、10个井位水质良好、2个井位水质较差。

淮北、宿州和阜阳市地下水水质良好，亳州受地质影响氟化物含量较高，水质较差。

表10－46　2015年安徽省城市地下水水质类别综合评价结果

城市	综合评价分值（F）	水质级别	细菌学指标类别
淮北	2.15	良好	Ⅰ类
亳州	4.31	较差	Ⅰ类
宿州	2.16	良好	Ⅰ类
阜阳	2.13	良好	Ⅰ类

（2）县级行政单位所在城镇地下水水质

2015年，全省共13个县级行政单位所在城镇开展了地下水水质监测，共监测13个井位，其中7个井位水质良好、6个井位水质较差。

表 10－47　2015 年安徽省县级行政单位所在城镇地下水水质类别综合评价结果

县	所属市	综合评价分值（F）	水质级别	细菌学指标类别
濉溪县	淮北	2.15	良好	Ⅰ类
涡阳县	亳州	4.27	较差	Ⅰ类
利辛县	亳州	4.26	较差	Ⅰ类
蒙城县	亳州	4.26	较差	Ⅰ类
砀山县	宿州	2.16	良好	Ⅰ类
萧县	宿州	2.15	良好	Ⅰ类
灵璧县	宿州	4.28	较差	Ⅰ类
泗县	宿州	2.18	良好	Ⅰ类
界首市	阜阳	7.09	较差	Ⅰ类
太和县	阜阳	4.26	较差	Ⅰ类
临泉县	阜阳	2.15	良好	Ⅰ类
颍上县	阜阳	2.14	良好	Ⅰ类
阜南县	阜阳	2.13	良好	Ⅰ类

10.3.2　变化趋势

（1）城市地下水水质

"十二五"期间，淮北和阜阳市地下水水质基本稳定，水质级别均保持良好（Ⅰ类）；亳州市除 2012 年水质级别为良好（Ⅰ类）外，其他年份水质级别均为较差（Ⅰ类）；宿州市 2011 年水质级别为较差（Ⅰ类），其他年份均保持在良好（Ⅰ类）。

表 10－48　2011—2015 年安徽省城市地下水水质类别综合评价分值（F）

城市	2011 年	2012 年	2013 年	2014 年	2015 年
淮北	2.18	2.19	2.17	2.17	2.15
亳州	4.33	2.29	4.32	4.31	4.31
宿州	4.28	2.18	2.18	2.23	2.16
阜阳	2.16	2.15	2.15	2.15	2.13

（2）县级行政单位所在城镇地下水水质

2013—2015 年，13 个县级行政单位所在城镇中，砀山县、颍上县和阜南县等 3 个水质级别保持良好（Ⅰ类）；涡阳县和利辛县水质级别均为较差（Ⅰ类），2015 年综合评价分值有所下降；蒙城县水质级别由良好（Ⅰ类）下降为较差（Ⅰ类）；界首市水质级别均为较差（Ⅰ类），2015 年综合评价分值有所上升；濉溪、灵璧、临泉和太和等 4 县水质级别在良好（Ⅰ类）～较差（Ⅰ类）之间波动。

表 10-49　2013—2015 年安徽省县级地下水水质类别综合评价分值

县	2013 年	2014 年	2015 年
濉溪县	2.14	7.1	2.15
涡阳县	7.12	7.1	4.27
利辛县	7.1	7.09	4.26
蒙城县	2.17	4.26	4.26
砀山县	2.13	2.14	2.16
萧　县	4.26	2.15	2.15
灵璧县	4.27	2.15	4.28
泗　县	4.27	2.17	2.18
界首市	4.26	4.26	7.09
太和县	4.25	2.13	4.26
临泉县	2.13	4.27	2.15
颍上县	2.13	2.13	2.14
阜南县	2.13	2.13	2.13

10.4　主要环境问题及变化原因分析

10.4.1　地表水

（1）主要环境问题

① 淮河流域支流水质较差

省辖淮河流域总体水质状况为轻度污染，其中支流总体水质为中度污染，2015 年，监测的 44 条支流中，仅 14 条支流水质状况为优良，30 条支流呈现不同程度的污染，其中有 13 条支流水质状况为重度污染。

② 巢湖环湖河流水质较差

巢湖流域 11 条环湖河流总体水质为中度污染，其中有 5 条河流在"十二五"期间水质基本都为重度污染。

（2）原因分析

我省位于淮河的中下游流域，干流及部分支流均由外省流入，因此入境水质对境内水质有较大影响。2015 年，省辖淮河流域的 19 条入境支流中，无 1 条支流水质为优良，均呈不同程度的污染，其中有 11 条支流水质状况为重度污染，严重影响了境内支流水质。

　　巢湖流域 11 条环湖河流均位于人口密集区，随着城市发展和人口增加，点源和面源污染负荷也随之增加，排放污水虽经城镇污水处理厂处理后排入环湖河流，但总体污染负荷仍高居不下，加之上游生态补水量有限，使得环湖河流水质一直较差。

10.4.2 饮用水源地和地下水

　　"十二五"期间，皖北地区部分地下水中氟化物出现超标，主要是因为皖北地区地处原生型高氟地带，地下水中氟化物本底值偏高导致水源地水质超标。

地表水评价方法与标准
采用单因子类别法判定水质类别，指标选取《地表水环境质量标准》（GB 3838—2002）表 1 中除水温、总氮、粪大肠菌群以外的 21 项指标。水质超标率和超标倍数的计算采用《地表水环境质量标准》（GB 3838—2002）中的Ⅲ类水质标准。

断面（测点）水质定性评价

水质类别	水质状况
Ⅰ～Ⅱ类水质	优
Ⅲ类水质	良好
Ⅳ类水质	轻度污染
Ⅴ类水质	中度污染
劣Ⅴ类水质	重度污染

河流、流域（水系）水质定性评价分级

水质类别比例	水质状况
Ⅰ～Ⅲ类水质比例≥90％	优
75％≤Ⅰ～Ⅲ类水质比例＜90％	良好
Ⅰ～Ⅲ水质比例＜75％，且劣Ⅴ类比例＜20％	轻度污染
Ⅰ～Ⅲ类水质比例＜75％，且≤20％劣Ⅴ类比例＜40％	中度污染
Ⅰ～Ⅲ类水质比例＜60％，且劣Ⅴ类比例≥40％	重度污染

　　断面水质超过Ⅲ类标准时，先按照不同指标对应水质类别的优劣，选择水质类别最差的前三项指标作为主要污染指标。水质类别相同时，取超标倍数最大的前三项为主要污染指标。将水质超过Ⅲ类标准的指标按其断面超标率大小排列，取断面超标率最大的前三项为河流、流域（水系）的主要污染指标。

　　湖泊、水库多次监测结果的水质评价，先按时间序列计算湖泊、水库各个点位各个评价指标浓度的算术平均值，再按空间序列计算湖泊、水库所有点位各个评价指标浓度的算术平均值，然后按照"断面（测点）水质定性评价"方法进行。

水质变化趋势评价方法与标准

按水质状况等级变化评价：

① 当水质状况等级不变时，则评价为无明显变化；

② 当水质状况等级发生一级变化时，则评价为有所变化（好转或变差、下降）；

③ 当水质状况等级发生两级以上（含两级）变化时，则评价为明显变化（好转或变差、下降、恶化）。

按组合类别比例法评价：

设 ΔG 为后时段与前时段 I～Ⅲ类水质百分点之差：$\Delta G = G_2 - G_1$，ΔD 为后时段与前时段劣 Ⅴ类水质百分点之差：$\Delta D = D_2 - D_1$；

① 当 $\Delta G - \Delta D > 0$ 时，水质变好；当 $\Delta G - \Delta D < 0$ 时，水质变差；

② 当 $|\Delta G - \Delta D| \leqslant 10$ 时，则评价为无明显变化；

③ 当 $10 < |\Delta G - \Delta D| \leqslant 20$ 时，则评价有所变化（好转或变差、下降）；

④ 当 $|\Delta G - \Delta D| > 20$ 时，则评价为明显变化（好转或变差、下降、恶化）。

城市集中式饮用水水质变化趋势评价方法与标准

采用饮用水源地达标率的变化综合分析评价城市集中式饮用水源地水质变化情况。

ΔG 为"十一五"与"十五"各城市饮用水水源水质达标率之差：$\Delta G = G_2 - G_1$；

ΔD 为"十一五"与"十五"各城市饮用水水源水质超标率之差：$\Delta D = D_2 - D_1$；

$\Delta G - \Delta D > 0$，表示评价区内饮用水源地的水环境质量好转；

$\Delta G - \Delta D < 0$，表示评价区内饮用水源地的水环境质量变差。

当 $0.0 \leqslant |\Delta G - \Delta D| < 10.0\%$，表示评价区内饮用水源地的水环境质量保持稳定；

当 $10.0\% \leqslant |\Delta G - \Delta D| < 25.0\%$，表示评价区内饮用水源地的水环境质量有所变化；

当 $25.0\% \leqslant |\Delta G - \Delta D| < 45.0\%$，表示评价区内饮用水源地的水环境质量明显变化；

当 $|\Delta G - \Delta D| \geqslant 45.0\%$，表示评价区内饮用水源地的水环境质量显著变化。

地下水评价方法与标准

采用单因子类别法判定水质类别，评价指标选取 pH、氯化物、硫酸盐、氨氮、硝酸盐（以 N 计）、亚硝酸盐（以 N 计）、氰化物、氟化物、总硬度（以 $CaCO_3$ 计）、砷、铁、锰、铅、镉、汞、六价铬、高锰酸盐指数、挥发酚和总大肠菌群 19 项指标。细菌学指标不参与评价分值（F）计算。水质超标率和超标倍数的计算采用《地下水质量标准》（GB/T 14848—1993）中的Ⅲ类水质标准。

综合评价采用加附注的评分法，以Ⅲ类标准统计超标率。具体方法如下：

① 首先进行各单项组分评价，单项组分评价是按标准所列分类指标将地下水质量划分为五类。

② 按单项组分评价划分各组分所属质量类别后，对各类别按下列规定分别确定单项组分评价分值 F_i，然后代入下列公式计算综合评价分值 F 值：

$$F = \sqrt{\frac{\overline{F}^2 + F_{max}^2}{2}} \qquad \overline{F} = \frac{1}{n}\sum_{i=1}^{n} F_i$$

式中：$\overline{F}$——各单项组分评价分值 F_I 的平均值；

F_{max}——单项组分评价分值 F_I 中的最大值；

n——项数。

单项组分评价分值

类别	I	II	III	IV	V
F_i	0	1	3	6	10

③ 根据 F 值按以下规定（表 5-2-2）划分地下水质量级别，再将细菌学指标评价类别注在级别定名之后。如"较好（III类）"。

地下水质量评价分级

级别	优良	良好	较好	较差	极差
F	<0.80	$0.80 \leqslant F < 2.50$	$2.50 \leqslant F < 4.25$	$4.25 \leqslant F < 7.20$	$\geqslant 7.20$

④ 采用地下水污染物污染负荷比确定主要污染因子。

⑤ 细菌学因子平均值的计算采用几何平均值的方法。

声 环 境

11.1　2015 年城市声环境质量状况

11.1.1　总体状况

2015 年，全省 16 个地级城市对 2244 个区域声环境测点、794 个城市道路交通声环境测点和 142 个城市功能区声环境测点进行了环境质量监测。全省昼间有 57.3%的监测网格覆盖面积区域声环境和 83.5%的监测路长道路交通声环境质量在二级以上，为好或较好级别，未受到噪声污染；76.9%的声环境功能区达标。

11.1.2　城市区域声环境

（1）生活类声源为主要噪声源

2015 年全省 16 个城市昼间声源构成以生活类声源为主，占监测点数的 57.3%；工业类和交通类声源次之，各占 18.3%和 17.7%；施工和其他声源所占比例相对较少。

表 11-1　2015 年全省城市区域环境噪声声源类型构成

项　目	声源类型				
	交通	工业	施工	生活	其他
监测点个数	397	411	115	1286	35
构成比例（%）	17.7	18.3	5.1	57.3	1.6

（2）城市区域环境噪声状况质量等级为二级较好

2015 年，全省 16 个城市昼间区域声环境监测网格测点共 2244 个，监测网格覆盖面积 1234.6 平方千米。全省平均等效声级为 54.0 分贝，质量等级为二级较好。16 个市平均等效声级范围介于 50.0～57.1 分贝之间，区域声环境等效声级最低的是池州市，平均等效声级为 50.0 分贝，级别为一级好；最高的是蚌埠市，平均等效声级为 57.1 分贝，级别为三级一般。区域声环境一级好的城市有 1 个，占 6.25%；二级较好的城市有 10 个，占 62.5%；三级一般的有 5 个，占 31.25%。

表 11-2 2015 年全省昼间城市区域声环境质量状况

城市名称	网格大小（米×米）	测点网格数（个）	网格覆盖面积（km²）	平均等效声级		
				监测值范围	均值（分贝）	质量等级（评价）
合 肥	1000	369	369	40.3～70.4	54.4	二级（较好）
淮 北	500	173	43.25	45.3～67.3	51.8	二级（较好）
亳 州	600	106	38.16	43.6～61.1	52.5	二级（较好）
宿 州	650	110	46.475	41.6～70.5	54.9	二级（较好）
蚌 埠	800	110	70.4	44.1～67.1	57.1	三级（一般）
阜 阳	750	115	64.6875	47.0～72.1	56.2	三级（一般）
淮 南	1000	101	101	44.5～70.2	52.4	二级（较好）
滁 州	500	115	28.75	43.2～69.9	55.4	三级（一般）
六 安	500	160	40	43.2～67.7	50.9	二级（较好）
马鞍山	800	121	77.44	46.0～67.2	55.0	二级（较好）
芜 湖	1000	148	148	44.2～68.2	54.8	二级（较好）
宣 城	500	100	25	50.2～62.1	55.0	三级（一般）
铜 陵	250	160	10	45.1～68.4	55.0	二级（较好）
池 州	800	105	67.2	39.6～58.6	50.0	一级（好）
安 庆	800	109	69.76	42.8～68.3	55.5	三级（一般）
黄 山	500	142	35.5	41.4～63.9	52.5	二级（较好）
全 省		2244	1234.6225	39.6～72.1	54.0	二级（较好）

2015 年，全省城市昼间区域声环境等效声级在二级 50.1～55.0 分贝范围所占的面积最大，为 425.95 平方千米，占 34.5％；其次是等效声级在三级 55.1～60.0 分贝范围所占的面积，为 375.6875 平方千米，占 30.4％；等效声级在五级 65.0 分贝以上范围所占的面积最小，为 28.8125 平方千米，占 2.3％。全省 2015 年昼间共有 707.785 平方千米区域声环境质量在二级以上，未受到噪声污染（超过 70 分贝），占监测网格覆盖面积的 57.3％。

表 11-3 2015 年全省各市城市昼间区域声环境暴露在不同声级的面积分布情况

城市名称	项 目	声环境质量级别（分贝）				
		好 ≤50.0	较好 50.1～55.0	一般 55.1～60.0	较差 60.1～65.0	差 ＞65.0
合 肥	网格数	91	86	149	41	2
	覆盖面积（km²）	91	86	149	41	2
	所占比例（％）	24.7	23.3	40.4	11.1	0.5

城市名称	项目	声环境质量级别（分贝）				
		好 ≤50.0	较好 50.1～55.0	一般 55.1～60.0	较差 60.1～65.0	差 ＞65.0
淮北	网格数	78	61	24	6	4
	覆盖面积（km²）	19.5	15.25	6	1.5	1
	所占比例（%）	45.1	35.3	13.9	3.5	2.3
亳州	网格数	26	55	22	3	
	覆盖面积（km²）	9.36	19.8	7.92	1.08	
	所占比例（%）	24.5	51.9	20.8	2.8	
宿州	网格数	23	40	21	17	9
	覆盖面积（km²）	9.7175	16.9	8.8725	7.1825	3.8025
	所占比例（%）	20.9	36.4	19.1	15.5	8.2
蚌埠	网格数	5	27	49	28	1
	覆盖面积（km²）	3.2	17.28	31.36	17.92	0.64
	所占比例（%）	4.5	24.5	44.5	25.5	0.9
阜阳	网格数	14	46	24	19	12
	覆盖面积（km²）	7.875	25.875	13.5	10.6875	6.75
	所占比例（%）	12.2	40.0	20.9	16.5	10.4
淮南	网格数	37	35	23	2	4
	覆盖面积（km²）	37	35	23	2	4
	所占比例（%）	36.6	34.7	22.8	2.0	4.0
滁州	网格数	18	42	35	15	5
	覆盖面积（km²）	4.5	10.5	8.75	3.75	1.25
	所占比例（%）	15.7	36.5	30.4	13.0	4.3
六安	网格数	84	51	10	12	3
	覆盖面积（km²）	21	12.75	2.5	3	0.75
	所占比例（%）	52.5	31.9	6.3	7.5	1.9
马鞍山	网格数	13	55	38	14	1
	覆盖面积（km²）	8.32	35.2	24.32	8.96	0.64
	所占比例（%）	10.7	45.5	31.4	11.6	0.8
芜湖	网格数	13	78	42	12	3
	覆盖面积（km²）	13	78	42	12	3
	所占比例（%）	8.8	52.7	28.4	8.1	2.0

（续表）

城市名称	项目	声环境质量级别（分贝）				
		好 ≤50.0	较好 50.1～55.0	一般 55.1～60.0	较差 60.1～65.0	差 ＞65.0
宣 城	网格数		45	48	7	
	覆盖面积（km²）		11.25	12	1.75	
	所占比例（%）		45.0	48.0	7.0	
铜 陵	网格数	21	70	46	15	8
	覆盖面积（km²）	1.3125	4.375	2.875	0.9375	0.5
	所占比例（%）	13.1	43.8	28.8	9.4	5.0
池 州	网格数	55	27	23		
	覆盖面积（km²）	35.2	17.28	14.72		
	所占比例（%）	52.4	25.7	21.9		
安 庆	网格数	15	41	33	13	7
	覆盖面积（km²）	9.6	26.24	21.12	8.32	4.48
	所占比例（%）	13.8	37.6	30.3	11.9	6.4
黄 山	网格数	45	57	31	9	
	覆盖面积（km²）	11.25	14.25	7.75	2.25	
	所占比例（%）	31.7	40.1	21.8	6.3	
全 省	网格数	538	816	618	213	59
	覆盖面积（km²）	281.835	425.95	375.6875	122.3375	28.8125
	所占比例（%）	22.8	34.5	30.4	9.9	2.3

（3）与上年相比，全省昼间区域声环境质量无明显变化

与上年相比，全省昼间区域声环境质量无明显变化，声环境质量级别未发生改变，仍为二级较好级别，但年均值略有上升，由53.7分贝上升至54.0分贝。2015年昼间区域声环境质量在二级以上、声环境质量未受到噪声污染的所占监测网格覆盖面积比例由2014年的75.0%下降到57.3%，下降了17.7个百分点。

16个市中，阜阳和安庆市由二级较好下降为三级一般，马鞍山市由三级一般好转为二级较好，池州市由二级较好好转为一级好。

表11-4 2015年与2014年全省城市昼间区域声环境质量变化情况

城市名称	平均等效声级及质量级别				变化情况（分贝）
	2014年（单位：分贝）		2015年（单位：分贝）		
合 肥	54.4	二级（较好）	54.4	二级（较好）	0
淮 北	51.4	二级（较好）	51.8	二级（较好）	+0.4

（续表）

城市名称	平均等效声级及质量级别				变化情况（分贝）
	2014 年（单位：分贝）		2015 年（单位：分贝）		
亳　州	52.3	二级（较好）	52.5	二级（较好）	＋0.2
宿　州	52.6	二级（较好）	54.9	二级（较好）	＋2.3
蚌　埠	55.6	三级（一般）	57.1	三级（一般）	＋1.5
阜　阳	54.7	二级（较好）	56.2	三级（一般）	＋1.5
淮　南	53.0	二级（较好）	52.4	二级（较好）	－0.6
滁　州	56.2	三级（一般）	55.4	三级（一般）	－0.8
六　安	51.0	二级（较好）	50.9	二级（较好）	－0.1
马鞍山	55.5	三级（一般）	55.0	二级（较好）	－0.5
芜　湖	54.9	二级（较好）	54.8	二级（较好）	－0.1
宣　城	55.8	三级（一般）	55.7	三级（一般）	－0.1
铜　陵	54.2	二级（较好）	55.0	二级（较好）	＋0.8
池　州	51.0	二级（较好）	50.0	一级（好）	－1.0
安　庆	54.0	二级（较好）	55.5	三级（一般）	＋1.5
黄　山	52.7	二级（较好）	52.5	二级（较好）	－0.2
全　省	53.7	二级（较好）	54.0	二级（较好）	＋0.3

11.1.3　道路交通噪声

（1）全省城市道路交通声环境昼间为一级好

2015 年全省城市昼间道路交通声环境共监测 794 个测点，监测路段总长度约 1882.6 千米，各省辖市交通干线大型车流量在 33 辆/小时～1450 辆/小时之间，中小型车流量在 57 辆/小时～2996 辆/小时之间。16 个市平均等效声级范围介于 59.4～70.3 分贝之间，全省城市道路交通声环境加权平均等效声级为 66.4 分贝，环境质量级别为一级好。16 个地级城市交通声环境状况一级好的有 13 个，占 81.25%；二级较好的有 2 个，占 12.5%；三级一般的有 1 个，占 6.25%。蚌埠市道路交通声环境等效声级最高，为 70.3 分贝，级别为三级一般；宣城市道路交通声环境等效声级最低，为 59.4 分贝，级别为一级好。

表 11-5　2015 年全省城市昼间道路交通声环境质量状况

城市名称	监测点数（个）	平均路宽（m）	监测总路长（km）	平均车流量（辆/小时）		平均等效声级		
				大型车车流量	中小型车车流量	监测值范围	均值（分贝）	质量等级（评价）
合　肥	80	48.688	591.699	834	1545	58.2～76.8	67.7	一级（好）
淮　北	54	43	96.78	33	353	62.0～73.0	67.8	一级（好）

（续表）

城市名称	监测点数（个）	平均路宽（m）	监测总路长（km）	平均车流量（辆/小时）		平均等效声级		
				大型车车流量	中小型车车流量	监测值范围	均值（分贝）	质量等级（评价）
亳　州	21	50.857	57.38	38	57	50.6～70.3	63.3	一级（好）
宿　州	68	25.265	50.11	212	1340	51.8～72.2	65.1	一级（好）
蚌　埠	64	41	116.075	167	1104	65.5～73.6	70.3	三级（一般）
阜　阳	26	43.077	29.431	228	1536	63.3～72.2	67.8	一级（好）
淮　南	51	37	56.025	454	909	47.9～70.8	67.5	一级（好）
滁　州	67	30.22	65.950	85	706	53.3～69.8	64.7	一级（好）
六　安	55	45.073	68.25	100	1192	54.4～71.3	66.1	一级（好）
马鞍山	52	43.519	98.53	41	369	59.4～76.6	68.0	一级（好）
芜　湖	51	46	404.794	247	1207	57.8～74.3	68.3	二级（较好）
宣　城	57	37.088	67.255	218	2996	52.2～68.2	59.4	一级（好）
铜　陵	28	25	37.380	39	689	61.2～72.7	66.9	一级（好）
池　州	28	31.929	28.850	1450	1700	62.2～66.4	64.6	一级（好）
安　庆	66	42.39	51.545	84	1409	64.5～73.5	69.2	二级（较好）
黄　山	26	31.769	62.500	40	453	58.0～69.5	66.3	一级（好）
全　省	794	39.209	1882.55	265	1169	47.9～76.8	66.4	一级（好）

（2）昼间83.5％的路段未受到噪声污染

2015年，安徽省城市道路昼间交通声环境等效声级范围在68分贝以下的路长为972.247千米，所占比例最大为51.6％；其次为68.1～70.0分贝的路长为600.854千米，占31.9％；大于74.0分贝以上的路长为20.395千米，所占比例最小，为1.1％。全省2015年昼间共有1573.101千米监测路长未受到交通噪声污染（超过70分贝），占监测路段总长度的83.5％。

表11-6　2015年全省城市昼间道路交通声环境暴露在不同声级的路长分布情况

城市	项　目	声环境质量级别（分贝）				
		好 ≤68.0	较好 68.1～70.0	一般 70.1～72.0	较差 72.1～74.0	差 ＞74.0
合肥	监测点位数	44	23	8	2	3
	路段长度（千米）	312.619	191.33	55.95	17.4	14.4
	所占比例（％）	52.8	32.3	9.5	2.9	2.4
淮北	监测点位数	20	24	9	1	
	路段长度（千米）	40.77	44.0	11.08	0.93	
	所占比例（％）	42.1	45.5	11.4	1.0	

城市	项 目	声环境质量级别（分贝）				
		好 ≤68.0	较好 68.1～70.0	一般 70.1～72.0	较差 72.1～74.0	差 ＞74.0
亳州	监测点位数	17	3	1		
	路段长度（千米）	46.38	7.25	3.75		
	所占比例（%）	80.8	12.6	6.5		
宿州	监测点位数	50	11	6	1	
	路段长度（千米）	36.563	9.849	2.998	0.7	
	所占比例（%）	73.0	19.7	6.0	1.4	
蚌埠	监测点位数	2	30	19	13	
	路段长度（千米）	7	52.183	27.602	29.29	
	所占比例（%）	6.0	45.0	23.8	25.2	
阜阳	监测点位数	12	9			
	路段长度（千米）	14.763	8.539			
	所占比例（%）	63.4	36.6			
淮南	监测点位数	27	20	4		
	路段长度（千米）	33.125	19.525	3.375		
	所占比例（%）	59.1	34.9	6.0		
滁州	监测点位数	54	13	4	1	
	路段长度（千米）	53.09	12.86	5.415	0.714	
	所占比例（%）	73.7	17.8	7.5	1.0	
六安	监测点位数	41	9	5		
	路段长度（千米）	46.3	14.8	7.15		
	所占比例（%）	67.8	21.7	10.5		
马鞍山	监测点位数	32	8	5	4	3
	路段长度（千米）	53.8	16.17	14.14	10.51	3.91
	所占比例（%）	54.6	16.4	14.4	10.7	4.0
芜湖	监测点位数	22	21	5	2	1
	路段长度（千米）	157.778	170.542	67.081	7.308	2.085
	所占比例（%）	39.0	42.1	16.6	1.8	0.5
宣城	监测点位数	56	1			
	路段长度（千米）	66.995	0.26			
	所占比例（%）	99.6	0.4			

（续表）

城市	项目	声环境质量级别（分贝）				
		好 ≤68.0	较好 68.1~70.0	一般 70.1~72.0	较差 72.1~74.0	差 >74.0
铜陵	监测点位数	17	7	3	1	
	路段长度（千米）	22.344	9.401	4.141	1.494	
	所占比例（%）	59.8	25.1	11.1	4.0	
池州	监测点位数	28				
	路段长度（千米）	28.85				
	所占比例（%）	100.0				
安庆	监测点位数	22	21	14	9	
	路段长度（千米）	17.07	16.445	9.99	8.04	
	所占比例（%）	33.1	31.9	19.4	15.6	
黄山	监测点位数	15	11			
	路段长度（千米）	34.8	27.7			
	所占比例（%）	55.7	44.3			
全省	监测总点位数	459	211	83	34	7
	路段长度（千米）	972.247	600.854	212.672	76.386	20.395
	所占比例（%）	51.6	31.9	11.3	4.1	1.1

（3）与上年相比，全省道路交通声环境无明显变化

与上年相比，全省道路交通声环境状况未发生级别变化，仍保持一级好，但年均值上升了1.2分贝，由65.2分贝上升至66.4分贝。等效声级为好的城市仍为13个，较好的城市由3个下降至2个，1个城市出现污染。昼间交通声环境质量在二级以上、声环境质量为好或较好级别，未受到噪声污染的所占监测路长比例由2014年的87.6%下降到83.5%，下降了4.1个百分点。

阜阳市由二级较好好转为一级好，蚌埠市由二级较好下降为三级一般，安庆市由一级好下降为二级较好。

表11-7　2015年全省城市昼间道路交通声环境变化情况

城市	平均等效声级及质量级别				变化情况（分贝）
	2014年（单位：分贝）		2015年（单位：分贝）		
合肥	67.5	一级（好）	67.7	一级（好）	+0.2
淮北	65.7	一级（好）	67.8	一级（好）	+2.1
亳州	48.2	一级（好）	63.3	一级（好）	+4.8
宿州	66.3	一级（好）	65.1	一级（好）	−1.2

（续表）

城　市	平均等效声级及质量级别				变化情况（分贝）
	2014 年（单位：分贝）		2015 年（单位：分贝）		
蚌　埠	69.0	二级（较好）	70.3	三级（一般）	＋1.3
阜　阳	68.3	二级（较好）	67.8	一级（好）	－0.5
淮　南	67.6	一级（好）	67.5	一级（好）	－0.1
滁　州	66.0	一级（好）	64.7	一级（好）	－1.3
六　安	66.0	一级（好）	66.1	一级（好）	＋0.1
马鞍山	66.5	一级（好）	68.0	一级（好）	＋1.5
芜　湖	68.3	二级（较好）	68.3	二级（较好）	0
宣　城	59.6	一级（好）	59.4	一级（好）	－0.2
铜　陵	64.0	一级（好）	66.9	一级（好）	＋2.9
池　州	66.3	一级（好）	64.6	一级（好）	－1.7
安　庆	67.6	一级（好）	69.2	二级（较好）	＋1.6
黄　山	66.5	一级（好）	66.3	一级（好）	－0.2
全　省	65.2	一级（好）	66.4	一级（好）	＋1.2

11.1.4　功能区噪声

（1）全省各市功能区噪声达标率为 76.9%

2015 年，全省各类声环境功能区均开展了监测，16 个城市共监测 1136 点次，全省各市功能区声环境平均等效声级达标率为 76.9%。其中昼间和夜间各监测 568 点次，昼间和夜间各达标 505 次和 368 次，达标率分别为 88.9% 和 64.8%。

各功能区达标从高到低为：3 类功能区（工业区）、0 类功能区（康复疗养区）、2 类功能区（混合区）、1 类功能区（居民文教区）和 4 类功能区（交通干线两侧区域），分别为 89.5%、87.5%、78.8%、71.8% 和 60.7%。3 类功能区（工业区）声环境达标率明显高于其他各类功能区，4 类功能区（交通干线两侧区域）声环境达标率最低。其中 0 类功能区（康复疗养区）昼间达标率最高，达 100.0%；4 类功能区（交通干线两侧区域）夜间达标率最低，为 26.2%。

从 2015 年各类功能区声环境时间段分析，昼间功能区声环境质量明显好于夜间，昼间达标率比夜间达标率高出 24.1 个百分点。昼间各功能区测点达标率从高到低依次为：0 类功能区（康复疗养区）、4 类功能区（交通干线两侧区域）、3 类功能区（工业区）、2 类功能区（混合区）和 1 类功能区（居民文教区）；夜间各功能区测点达标率从高到低依次为：3 类功能区（工业区）、2 类功能区（混合区）、0 类功能区（康复疗养区）、1 类功能区（居民文教区）和 4 类功能区（交通干线两侧区域）。

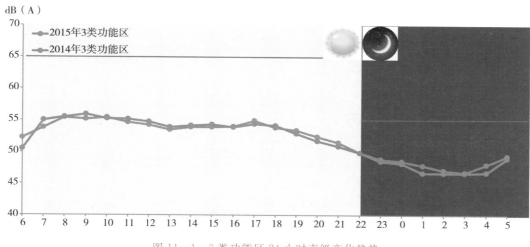

图 11 - 1　3 类功能区 24 小时声级变化趋势

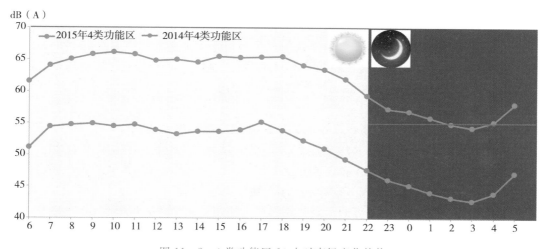

图 11 - 2　4 类功能区 24 小时声级变化趋势

表 11 - 8　2015 年与 2014 年安徽省城市功能区达标率变化比较表

年份	达标情况	总计	0 类功能区 (康复疗养区)		1 类功能区 (居民文教区)		2 类功能区 (混合区)		3 类功能区 (工业区)		4 类功能区 (交通干线两侧区域)	
			昼间	夜间	昼间	夜间	昼间	夜间	昼间	夜间	昼间	夜间
2015	达标点次	873	8	6	115	86	185	149	117	105	80	22
	监测点次	1136	8	8	140	140	212	212	124	124	84	84
	达标率 (%)	76.9	100	75.0	82.1	61.4	87.3	70.3	94.4	84.7	95.2	26.2
			87.5		71.8		78.8		89.5		60.7	

（续表）

年份	达标情况	总计	0 类功能区（康复疗养区）		1 类功能区（居民文教区）		2 类功能区（混合区）		3 类功能区（工业区）		4 类功能区（交通干线两侧区域）	
			昼间	夜间	昼间	夜间	昼间	夜间	昼间	夜间	昼间	夜间
2014	达标点次	869	7	6	124	88	183	135	121	111	71	23
	监测点次	1136	8	8	140	140	212	212	124	124	84	84
	达标率（%）	76.5	87.5	75.0	88.6	62.9	86.3	63.7	97.6	89.5	84.5	27.4
			81.3		75.7		75.0		93.6		56.0	

（2）与上年相比，全省各类功能区总体达标率基本稳定

与上年相比，全省各类功能区总体达标率基本稳定，总体达标率上升 0.4 个百分点，昼间和夜间分别下降 0.2 和上升 0.9 个百分点。其中 4 类功能区（交通干线两侧区域）昼间达标率上升幅度最大，上升了 10.7 个百分点；1 类功能区（居民文教区）昼间达标率下降幅度最大，下降了 6.5 个百分点。

11.1.5　"十二五"期间夜间声环境状况

根据《环境噪声监测技术规范城市声环境常规监测》（HJ 640—2012）规定：夜间监测每 5 年 1 次，在每个五年规划的第三年进行监测。"十二五"期间，我省 2013 年对全省夜间声环境进行了监测。

2013 年，全省 16 个地级城市夜间区域声环境监测网格测点共 2244 个，监测网格覆盖面积 1234.6225 平方千米。全省平均等效声级为 45.1 分贝，质量等级为三级一般。16 个地级城市平均等效声级范围介于 29.5～63.0 分贝之间，其中区域声环境一级好的城市有 1 个，占 6.25%；二级较好的城市有 5 个，占 31.25%；三级一般的有 10 个，占 62.5%。区域声环境等效声级最高的是合肥市，平均等效声级为 48.3 分贝，级别为三级一般；最低的是池州市，平均等效声级为 38.2 分贝，级别为一级好。全省 2013 年有 519.38 平方千米夜间区域声环境等效声级在二级以上未受到噪声污染，占监测总面积的 42.1%。

2013 年全省城市夜间道路交通声环境共监测 788 个测点，监测路段总长度约 1861.489 千米，各城市交通干线车流量在 0 辆/小时～5055 辆/小时之间，监测值介于 41.6～72.0 分贝之间，全省城市道路交通噪声加权平均声级 55.0 分贝，环境质量级别为一级好。16 个城市没有城市受到交通噪声污染，其中交通噪声状况好的有 13 个和较好 3 个，分别占 81.25% 和 18.75%。宿州市道路交通噪声等效声级最高，为 60.0 分贝，级别为二级较好；宣城市道路交通噪声等效声级最低，为 50.8 分贝，级别为一级好。全省 2013 年夜间共有 1712.86 千米监测路长交通声环境未受到噪声污染（超过 70 分贝），占监测路段总长度的 92.0%。

11.2 2011—2015 年城市声环境质量变化趋势

"十二五"期间，城市声环境质量总体稳定。与"十一五"末比，受污染城市区域所占面积比例增加 13.3 个百分点，道路交通声环境污染所占监测路长比例下降 9.0 个百分点，功能区声环境超标率下降 6.1 个百分点。

表 11-9 "十二五"期间安徽省声环境污染情况

年度	区域声环境污染面积比例（%）	交通声环境超过 70 分贝监测路长比例（%）	功能区噪声超标率（%）
2010 年	29.4	25.7	29.2
2011 年	43.9	17.4	28.7
2012 年	41.2	12.4	27.5
2013 年	42.9	13.8	25.8
2014 年	25.0	10.8	23.5
2015 年	42.7	16.7	23.1
秩相关系数	−0.5	−0.3	−1.0
变化趋势	—	—	显著下降

11.2.1 城市区域声环境

"十二五"期间，全省城市区域环境声环境等效声级年平均值在 53.4～54.0 分贝之间，等效声级呈上升趋势，但均在二级较好范围内变化，城市区域声环境质量总体稳定。

表 11-10 "十二五"期间安徽省城市区域环境声环境等效声级变化

市名	城市区域声环境等效声级					秩相关系数	变化趋势	"十一五"末
	2011 年	2012 年	2013 年	2014 年	2015 年			
合 肥	55.8	54.8	54.8	54.4	54.4	−0.949	显著下降	55.4
淮 北	54.1	54.3	51.6	51.4	51.8	−0.600	—	54.2
亳 州	50.9	49.2	54.0	52.3	52.5	0.600	—	50.6
宿 州	50.5	51.1	53.9	52.6	54.9	0.900	显著上升	54.7
蚌 埠	58.1	60.7	55.8	55.6	57.1	−0.600	—	57.5
阜 阳	53.4	52.2	52.3	54.7	56.2	0.700	—	51.9
淮 南	52.5	53.4	53.4	53.0	52.4	−0.359	—	55.0
滁 州	54.3	55.5	55.8	56.2	55.4	0.700	—	55.5

（续表）

市名	城市区域声环境等效声级					秩相关系数	变化趋势	"十一五"末
	2011 年	2012 年	2013 年	2014 年	2015 年			
六　安	51.7	51.4	51.2	51.0	50.9	−1.000	显著下降	54.3
马鞍山	55.2	55.4	55.4	55.5	55.0	−0.051	—	55.3
芜　湖	55.2	54.9	54.6	54.9	54.8	−0.616	—	54.7
宣　城	55.6	54.9	55.2	55.8	55.7	0.600	—	54.2
铜　陵	54.9	53.4	54.3	54.2	55.0	0.300	—	53.9
池　州	47.5	47.9	51.3	51.0	50.0	0.600	—	51.8
安　庆	54.1	54.0	55.5	54.0	55.5	0.316	—	56.2
黄　山	53.1	51.5	53.1	52.7	52.5	−0.308	—	51.5
全　省	53.6	53.4	53.9	53.7	54.0	0.800	—	54.1

　　"十二五"期间，合肥、马鞍山和芜湖市区域声环境质量有所好转，由三级一般好转至二级较好，平均等效声级分别下降1.4分贝、0.2分贝和0.4分贝；阜阳、滁州和安庆市声环境质量有所下降，均由二级较好下降为三级一般，平均等效声级分别上升2.8分贝、1.1分贝和1.4分贝。合肥和六安市呈显著下降趋势，宿州市呈显著上升趋势，其余城市变化趋势不显著。

　　与"十一五"末相比，全省区域环境声环境平均等效声级下降0.1分贝，比"十二五"初相比上升0.4分贝，级别皆为二级较好。马鞍山市区域声环境质量有所好转，由三级一般好转至二级较好，平均等效声级下降0.3分贝；阜阳和宣城市声环境质量有所下降，均由二级较好下降为三级一般，平均等效声级分别上升4.3和1.5分贝。淮北、淮南和六安市变化幅度较大，平均等效声级分别下降2.4分贝、2.6分贝和3.4分贝，但声环境质量级别未有变化，皆为二级较好。

表 11 - 11　全省城市区域声环境质量状况所占比例变化

年度	好（%）	较好（%）	一般（%）	较差（%）	差（%）
2010 年		68.75	31.25		
2011 年	6.25	62.5	31.25		
2012 年	12.5	68.75	12.5	6.25	
2013 年		68.75	31.25		
2014 年		75.0	25.0		
2015 年	6.25	62.5	31.25		

11.2.2　城市交通声环境

　　"十二五"期间，全省城市道路交通声环境等效声级年平均值在65.2～67.2分贝之间，等效声级呈下降趋势，但均在一级好范围内变化，城市道路交通声环境质量总体稳定。

表 11-12 "十二五"期间安徽省城市道路交通声环境等效声级变化

城市	城市交通声环境等效声级					秩相关系数	变化趋势	"十一五"末
	2011 年	2012 年	2013 年	2014 年	2015 年			
合 肥	67.4	67.5	67.8	67.5	67.7	0.616	—	69.3
淮 北	67.7	67.2	66.1	65.7	67.8	0	—	67.5
亳 州	67.7	63.8	60.4	48.2	63.3	-0.700	—	69.0
宿 州	62.2	65.0	69.4	66.3	65.1	0.600	—	67.0
蚌 埠	67.1	67.5	69.1	69.0	70.3	0.900	显著上升	66.8
阜 阳	70.8	68.4	68.1	68.3	67.8	-0.975	显著下降	72.8
淮 南	68.0	68.0	67.9	67.6	67.5	-0.900	显著下降	67.5
滁 州	66.8	66.5	65.8	66.0	64.7	-0.900	显著下降	67.5
六 安	67.0	66.8	65.4	66.0	66.1	-0.600	—	68.4
马鞍山	67.7	67.3	67.5	66.6	68.0	0.100	—	68.0
芜 湖	66.5	67.1	64.0	68.3	68.3	0.667	—	67.9
宣 城	63.6	57.0	60.4	59.6	59.4	-0.400	—	69.5
铜 陵	67.9	67.6	66.5	64.0	66.9	-0.700	—	69.4
池 州	66.5	67.3	64.9	66.3	64.6	-0.800	—	65.5
安 庆	67.5	67.9	68.6	67.6	69.2	0.700	—	70.6
黄 山	69.0	66.0	66.5	66.5	66.3	-0.359	—	68.1
全 省	67.2	66.7	66.2	65.2	66.4	-0.700	—	68.3

"十二五"期间，阜阳市交通声环境质量由三级一般上升至一级好，平均等效声级下降3.0分贝；黄山市由二级较好上升至一级好，平均等效声级下降了2.7分贝；蚌埠市由一级好下降至三级一般，平均等效声级上升了3.2分贝；芜湖和安庆市由一级好下降至二级较好，平均等效声级上升1.8分贝和1.7分贝。蚌埠市呈显著上升趋势，阜阳、淮南和滁州市呈显著下降趋势，其他城市变化趋势不显著。

与"十一五"末相比，全省道路交通声环境由二级较好上升为一级好，平均等效声级下降1.9分贝；与"十二五"初相比下降0.8分贝，级别均为一级好。合肥、亳州、六安、宣城、铜陵和黄山市交通声环境质量由二级较好上升至一级好，平均等效声级分别下降1.6分贝、5.7分贝、2.3分贝、10.1分贝、2.5分贝和1.8分贝；阜阳市由四级较差转至一级好，平均等效声级下降了5.0分贝；安庆市由三级一般上升至二级较好，平均等效声级下降1.4分贝；蚌埠和芜湖市由一级好下降至二级较好，平均等效声级分别上升了3.5、0.4分贝。

表 11-13　全省城市道路交通声环境质量状况

年度	好（%）	较好（%）	一般（%）	较差（%）	差（%）
2010 年	50.0	37.5	6.25	6.25	
2011 年	87.5	6.25	6.25		
2012 年	93.75	6.25			
2013 年	75.0	25.0			
2014 年	81.25	18.75			
2015 年	81.25	12.5	6.25		

11.2.3　城市功能区声环境

"十二五"期间，全省城市功能区噪声达标率在 71.3%～76.9% 之间，2015 年较"十一五"末提高 6.0 个百分点。五年间，功能区总体达标率显著上升，其中 0 类功能区（康复疗养区）昼夜间、1 类功能区夜间、2 类功能区（混合区）昼间的达标率呈上升趋势，3 类功能区（工业区）的夜间和 4 类功能区（交通干线两侧区域）昼夜间达标率显著上升，1 类功能区（居民文教区）昼间呈下降趋势；3 类功能区（工业区）昼夜间达标率变化不显著。

"十二五"期间，各类功能区昼间达标率明显高于夜间，3 类功能区（工业区）达标率好于其他类功能区，4 类功能区（交通干线两侧区域）夜间达标率近年来一直处于较低水平。"十二五"期间安徽省城市功能区达标率变化情况见下表。

表 11-14　"十二五"期间安徽省城市功能区达标率变化

年份	总计	0 类（康复疗养区）		1 类（居民文教区）		2 类（混合区）		3 类（工业区）		4 类（交通干线两侧区域）	
		昼间	夜间	昼间	夜间	昼间	夜间	昼间	夜间	昼间	夜间
2010 年	70.9	73.7	61.1	88.3	66.7	76.1	65.2	95.8	84.3	73.5	19.1
2011 年	71.3	62.5	62.5	85.9	50	80.7	61.8	96.7	86.7	82.1	14.3
2012 年	72.5	75.0	50.0	92.9	52.9	82.1	62.7	97.6	82.1	75.9	18.1
2013 年	74.2	50.0	50.0	84.0	47.9	90.0	67.6	97.5	86.1	83.8	21.3
2014 年	76.5	87.5	75.0	88.6	62.9	86.3	63.7	97.6	89.5	84.5	27.4
2015 年	76.9	100.0	75.0	82.1	61.4	87.3	70.3	94.4	84.7	95.2	26.2
秩相关系数	1.0	0.7	0.7	−0.5	0.6	0.7	0.9	−0.1	0	0.9	0.9
变化趋势	显著上升	—	—	—	—	显著上升	—	—	—	显著上升	显著上升

11.3　声环境存在主要问题及对策建议

11.3.1　存在主要问题

随着城市建设的发展和城市人口的迅速增长，城市声环境质量面临许多压力，声环境质量下降的可能性依然存在，噪声扰民问题仍时有发生。

（1）社会生活噪声仍是城市噪声的主要污染声源

随着城市化建设进程的加快，城市人口密度加大，第三产业工业企业及建筑业发展迅猛，人们社会活动也越加频繁，因此导致了全省近年来声环境的主要污染皆是社会生活噪声的污染。"十二五"昼间生活类声源皆在50.0%以上，为城市主要噪声源。

（2）交通干线两侧区域夜间声环境质量较差

近年来，以机动车为主的交通噪声排放在城市区域呈明显增加趋势，道路两侧区域夜间超标现象较为普遍。同时随着城市的发展、人口的增加和人们居住需求的提高，相应推动了一大批城市配套项目的建设，如新建商业中心、休闲广场和大批的住宅小区，使得在昼间有行驶限制的渣土车、大货车、搅拌车等工程车在夜间高强度高负荷地工作，导致全省4类功能区（交通干线两侧区域）夜间声环境质量较差，噪声污染问题不可忽视。

11.3.2　对策建议

（1）进一步加强噪声污染执法和处罚力度，对违反《中华人民共和国环境噪声污染防治法》的违法行为，要从严从速处理；并将夜间的噪声管理工作作为工作之重。

（2）尽快组织专家制定功能区噪声监测代表性点位设置的技术规范，促进噪声自动监测站的建设工作，使声环境监测工作日益规范。

（3）建议国家在噪声监测工作方面给予资金支持，建立城市区域、交通干线噪声、商业娱乐场所监测设施，并实现联网，同时进一步加强基层环保部门的噪声监测能力，为做好噪声污染防治工作提供依据。

城市声环境质量评价方法与标准					
城市声环境质量监测包括：城市区域、城市道路交通及城市功能区噪声；城市区域和城市道路交通噪声为昼间监测，城市功能区噪声为昼夜监测。					
城市区域声环境质量，按照《声环境质量评价方法技术规定》中的等级划分规定进行评价。					
城市区域噪声环境质量级别划分表　　　　　　　　单位：dB（A）					
级别	好	较好	轻度污染	中度污染	重度污染
平均等效声级	≤50.0	50.1～55.0	55.1～60.0	60.1～65.0	>65.0
道路交通声环境质量，按《声环境质量评价方法技术规定》中的等级划分规定进行评价。					

道路交通区域噪声环境质量级别划分表　　　单位：dB（A）

级别	好	较好	轻度污染	中度污染	重度污染
平均等效声级	≤68.0	68.1～70.0	70.1～72.0	72.1～74.0	＞74.0

城市功能区声环境质量，按《声环境质量标准》（GB 3096—2008）中的规定进行评价。

城市区域环境噪声标准

类　别	昼间（dB（A））	夜间（dB（A））
0	50	40
1	55	45
2	60	50
3	65	55
4	70	55

生态环境

12.1 2014年生态环境状况评价

全省生态环境状况评价执行环保部发布的《生态环境状况评价技术规范》（HJ 192—2015）。

12.1.1 市域分指数评价结果

生态环境状况指数（EI）由生物丰度指数、植被覆盖指数、水网密度指数、土地胁迫指数和污染负荷指数5个分指数组成。

（1）生物丰度指数

生物丰度指数是评价区域内生物多样性丰贫程度的反映，决定着生态系统的面貌，是生态环境状况最本质的特征之一。

全省生物丰度指数空间分布特点是：由南向北，市级行政区域的生物丰富度指数逐渐降低，且差异性较大。

皖南山区黄山市的生物丰度指数最高，沿江池州、宣城、安庆及皖西大别山地区的六安次之，该区域土地覆被以山区林地为主，多为有林地，耕地分布较少，且以丘陵及山区水田为主；除安庆市沿江几个县外，其他区域河流较少，偶见大面积水库，居民点稀少，人为活动影响痕迹较轻，很好地保留了本区丰富的生物多样性，其森林植被覆盖度高，生物多样性最为丰富。

皖中地区滁州、马鞍山、芜湖、合肥等市的生物丰度指数中等，该区域土地覆被类型以平原水田为主，低山丘陵广泛分布，林地、草地面积较皖北地区大幅增加，水库坑塘及河渠广罗密布，农村居民点分布较皖北地区零散，土地利用类型多样，生物多样性较丰富。

淮北平原宿州、淮北、阜阳和亳州等市的生物丰度指数较低，该区域土地利用覆被类型主要以平原旱地为主，成片林地面积很小，极少有大面积的水库坑塘分布，其间低等级道路纵横交错，农村居民点及建设用地密集，人类活动较为频繁，土地利用类型较少，森林覆盖率低，以旱作物为主，生物多样性较为贫乏。

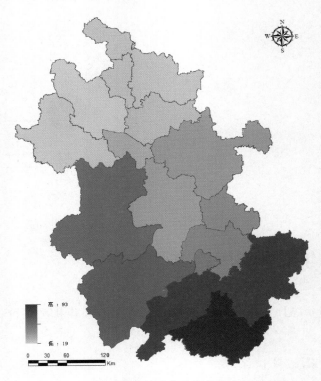

图 12-1　2014 年市域生物丰度指数空间分布图

（2）植被覆盖指数

植被覆盖指数是通过土地利用反映植被状况的重要指标，是评价区域内林地、草地及农田等植被覆盖的程度。

全省植被覆盖指数最高的市分布在皖南山区和大别山区，皖北平原次之，中部丘陵较低。皖南山区黄山市植被覆盖度最高，铜陵、合肥和马鞍山市植被覆盖指数最低。

安徽省地跨暖温带和亚热带，气候的过渡地带性直接影响到植被的地理分布，我省淮河一线以北地区，森林植被稀少，处于暖温带落叶阔叶林带南端，农业种植以旱作物为主，土地耕垦率较高；淮河以南地区自北向南，森林植被中常绿阔叶树种逐渐增多，耕地中旱作物种植减少，水稻面积的比例逐渐增多；长江以南森林植被尤为丰富，大别山区和皖南山区针叶林广泛分布。因此，全省各市植被覆盖指数在森林覆盖率高的山区最高，耕地占比较高的农业大市居中，而工业化和城镇化最为发达的市较低。

（3）水网密度指数

水网密度指数用于评价区域内水的丰富程度，反映区域水资源状况及水对生态环境的调节功能。

铜陵市水网密度指数位最高，虽然其河流指数不高，但水域指数和水资源指数较高；宿州市水网密度指数最低。从水网密度指数空间分布来看，长江和淮河干流附近的地市河流和湖泊较多，虽然水资源量较皖南山区和大别山区少，但综合评价排序仍然位居全省前列；皖南山区和大别山区因河流和湖库坑塘较少，排序次于沿江城市；皖北平原河流、湖库及水资源量较少，排序相对靠后。

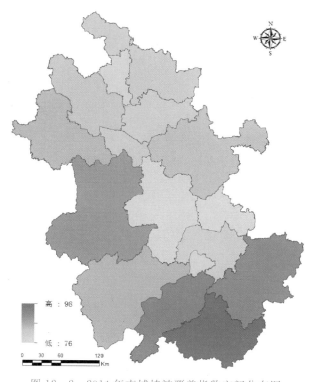

图 12-2 2014 年市域植被覆盖指数空间分布图

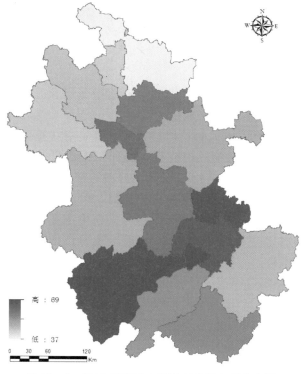

图 12-3 2014 年市域水网密度指数空间分布图

（4）土地胁迫指数

土地胁迫指数用于评价区域内土地质量遭受胁迫的程度，是反映在自然因素和人为因素共同作用下，土地资源遭受侵蚀破坏、建设占用等胁迫的情况。

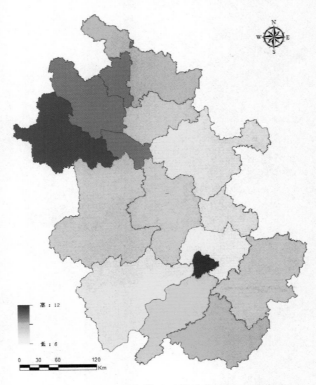

图 12 - 4　2014 年市域土地胁迫指数空间分布图

铜陵市土地退化指数最高，阜阳、淮北、淮南和亳州等市土地胁迫指数其次；滁州、马鞍山和芜湖等市土地胁迫指数较低。

由指数空间分布看，全省土地胁迫严重区域主要集中在皖北平原区，其虽地势平缓，常年降雨量少，土壤侵蚀较轻，但建设用地面积占比显著高于其他区域，导致土地胁迫最重；皖西大别山区和皖南山丘地区土地胁迫较重，主要因其地形起伏剧烈，降雨量大，导致水土流失严重，土壤侵蚀指数最高，但建设用地指数很低，使其土地胁迫综合指数居全省中等；指数居后的几个市分布在中东部丘陵区，土壤侵蚀为全省中等程度，建设用地占比也处于中等位次，但其土地胁迫指数综合计算结果为全省最小，胁迫程度较低；铜陵市土地胁迫指数全省最高，除自然因素外，显然与人为活动影响的程度颇为剧烈有关。

（5）污染负荷指数

污染负荷指数用于评价区域单位面积所受纳的二氧化硫、化学需氧量、固体废物、氨氮、烟（粉）尘和氮氧化物排放量来反映所承受的环境污染压力。

南部山区黄山市污染负荷指数最小，山地、丘陵广布的六安、安庆和池州等市次之，这些区域国土面积较大，污染物排放量不高，单位面积受纳污染物少，且降雨量

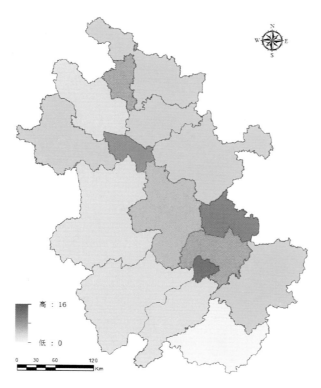

图 12 - 5 2014 年市域污染负荷指数空间分布图

较多，其环境自净能力较强，污染负荷低；亳州、阜阳、蚌埠等市单位面积受纳污染物较少，虽降雨量相对不多，但其污染负荷指数整体较低；铜陵、马鞍山等市污染物排放量较高，且行政区域面积较小，单位面积受纳污染物多，故污染负荷指数为全省最高。

12.1.2 市域生态环境状况综合评价

生态环境状况指数（EI）反映被评价区域生态环境整体状态，由生物丰度指数、植被覆盖指数、水网密度指数、土地胁迫指数和污染负荷指数组成，数值范围 0～100，0 为最差，100 为最好。

表 12 - 1 2014 年市域 EI 计算结果

序号	市名	生物丰度指数	植被覆盖指数	水网密度指数	土地胁迫指数	污染负荷指数	EI	质量等级
1	黄山市	93.31	97.80	54.16	9.27	0.37	88.81	优
2	池州市	80.92	92.97	53.29	7.55	1.19	83.31	优
3	宣城市	77.60	91.96	45.55	8.04	2.03	80.58	优
4	安庆市	61.76	84.76	68.09	7.06	1.14	76.85	优

（续表）

序号	市名	生物丰度指数	植被覆盖指数	水网密度指数	土地胁迫指数	污染负荷指数	EI	质量等级
5	六安市	57.22	89.64	48.49	8.08	1.05	73.39	良
6	铜陵市	48.69	77.56	68.53	11.56	15.94	68.38	良
7	芜湖市	42.72	80.13	64.86	6.25	5.78	68.20	良
8	马鞍山市	40.98	76.34	67.66	6.61	12.31	66.35	良
9	滁州市	35.90	84.27	49.46	6.98	1.81	64.82	良
10	合肥市	34.04	77.30	57.59	7.69	4.89	63.23	良
11	淮南市	27.58	80.57	60.36	10.17	8.22	61.50	良
12	蚌埠市	24.35	81.18	56.65	8.21	1.75	60.91	良
13	阜阳市	20.08	84.91	43.73	10.71	1.71	58.04	良
14	亳州市	19.40	83.18	44.70	9.66	1.37	57.70	良
15	宿州市	20.79	81.90	36.89	9.01	2.11	56.73	良
16	淮北市	20.58	78.94	42.90	10.30	6.16	56.21	良

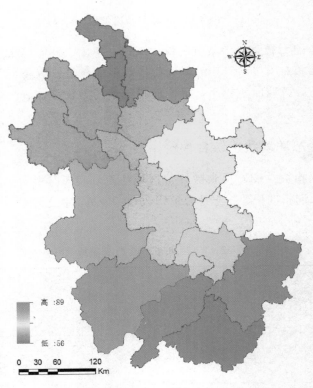

图 12-6　2014 年市域 EI 空间分布图

　　从市域生态环境状况综合评价指数计算表来看，黄山市数值 88.81，为全省最高；池州和宣城市次之，均在 80 以上；淮北市最低，为 56.21。由 EI 空间分布图可知，我省由南向北、由西向东生态环境状况指数呈现逐步降低的态势，而省会合肥市 EI 则居于中等偏下。

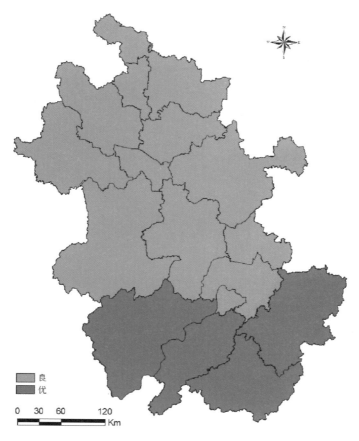

图 12-7　2014 年市域生态环境状况各等级空间分布图

　　《生态环境状况评价技术规范》中依据生态环境状况指数，将生态环境分为 5 个等级，即 EI≥75 为"优"、55≤EI<75 为"良"、35≤EI<55 为"一般"、20≤EI<35 为"较差"、EI<20 为"差"。2014 年市域评价结果有"优"和"良"2 个等级，未出现"一般"、"较差"和"差"类等级。生态环境状况等级为"优"的有黄山、池州、宣城和安庆等 4 个市，这些市位于皖南山区，该区域生物多样性好，植被覆盖度高，水资源丰沛，污染负荷小，生态系统稳定，生态环境状况优；生态环境状况等级为"良"的为六安、铜陵、芜湖、马鞍山、滁州、合肥、淮南、蚌埠、阜阳、亳州、宿州和淮北等 12 个市，这些市主要分布在皖中和皖北地区，这些区域生态环境较稳定，植被覆盖度较高，生物多样性较丰富，生态环境处于较稳定状态，适合人类生活。

　　在面积比例上，生态环境状况等级为"优"的市占全省国土总面积的 32.66%，等级为"良"的占 67.34%。

全省省域范围整体生态环境状况指数为 69.61，等级为"良"，生态环境状况良好。

12.2 2011—2014 年综合指数（EI）变化趋势

依据《生态环境状况评价技术规范》，生态环境状况的变化幅度分 4 个等级：$|\Delta EI| \leqslant 1$ 为"无明显变化"、$1 < |\Delta EI| \leqslant 3$ 为"略微变化"、$3 < |\Delta EI| \leqslant 8$ 为"明显变化"、$|\Delta EI| > 8$ 为"显著变化"。

表 12-2 2011 年、2014 年市域 EI 及变化表

城市	2014 年 EI	2011 年 EI	ΔEI	变化幅度
合肥	63.23	64.53	-1.30	略微变差
淮北	56.21	56.35	-0.14	无明显变化
亳州	57.70	57.65	0.05	无明显变化
宿州	56.73	57.19	-0.46	无明显变化
蚌埠	60.91	61.84	-0.93	无明显变化
阜阳	58.04	57.10	0.94	无明显变化
淮南	61.50	62.23	-0.73	无明显变化
滁州	64.82	66.35	-1.52	略微变差
六安	73.39	72.99	0.40	无明显变化
马鞍山	66.35	69.00	-2.64	略微变差
芜湖	68.20	69.45	-1.25	略微变差
宣城	80.58	82.23	-1.66	略微变差
铜陵	68.38	70.89	-2.51	略微变差
池州	83.31	83.97	-0.67	无明显变化
安庆	76.85	77.12	-0.27	无明显变化
黄山	88.81	88.57	0.23	无明显变化
安徽省	69.61	70.18	-0.57	无明显变化

2014 年全省生态环境状况总体保持稳定，与 2011 年相比，EI 值下降了 0.57，属"无明显变化"。

2011—2014 年，市域生态环境状况指数变化幅度在 -2.64 至 0.94 之间，具体来看，马鞍山、铜陵、宣城、滁州、合肥和芜湖等 6 市指数微有变小，生态环境状况变化等级为"略微变差"；其他各市变化幅度均小于 1，为"无明显变化"，未出现"明显变化"和"显著变化"的市。在市级生态环境状况等级变化上，16 个市两年的级别均无变化。

图 12-8 2011—2014 年市域 EI 变化幅度

13

土壤环境

根据中国环境监测总站的工作部署，"十二五"期间，每年进行一个专题的土壤环境质量监测，2011—2015 年分别开展了国控重点污染源周边场地土壤环境质量监测、基本农田区（主要为粮、棉、油生产区）土壤环境质量监测、主要蔬菜种植基地环境质量监测、集中式饮用水水源地环境质量监测和省会合肥城市绿地土壤环境质量监测、规模畜禽养殖场周边土壤环境质量监测。

13.1 "十二五"期间土壤专项监测工作

13.1.1 国控重点污染源周边场地土壤环境质量监测

13.1.1.1 监测概述

2011 年 7—9 月，省环境监测中心站组织完成了对合肥、蚌埠、淮南、芜湖和马鞍山市 10 家国控重点污染企业周边的土壤样品监测工作，共采集土壤样品 68 个，对 pH 值、阳离子交换量、铬、汞、砷、铅、镉、铜、锌、镍等 10 个项目进行了监测分析，其中铜、锌、镍为选测项。

13.1.1.2 监测评价结果

2011 年对土壤中重金属的监测结果表明，各测点铬、汞、砷、铅、镉、铜、锌、镍等重金属均达到《土壤环境质量标准》（GB 15618—1995）二级标准限值要求。68 个土壤样品中监测的各重金属均未出现超标。

表 13 - 1 土壤监测结果统计表

统计项目	无污染		轻微污染		轻度污染		中度污染		重度污染		监测数量	超标率（%）
	个数	%	个数	%	个数	%	个数	%	个数	%		
Cd	68	100	0	0	0	0	0	0	0	0	68	0
Hg	68	100	0	0	0	0	0	0	0	0	68	0
As	68	100	0	0	0	0	0	0	0	0	68	0

（续表）

统计项目	无污染		轻微污染		轻度污染		中度污染		重度污染		监测数量	超标率（%）
	个数	%	个数	%	个数	%	个数	%	个数	%		
Pb	68	100	0	0	0	0	0	0	0	0	68	0
Cr	68	100	0	0	0	0	0	0	0	0	68	0
Cu	68	100	0	0	0	0	0	0	0	0	68	0
Zn	68	100	0	0	0	0	0	0	0	0	68	0
Ni	68	100	0	0	0	0	0	0	0	0	68	0
综合	68	100	0	0	0	0	0	0	0	0	68	0

13.1.1.3　综合评价分析

采用内梅罗指数综合评价方法计算每个地块的土壤综合污染指数评价等级。结果表明：安徽省10个重要污染源企业周边土壤环境质量总体较好，综合污染指数均小于0.7，污染级别属于清洁（安全）级别，无轻度、中度、重度污染级别。

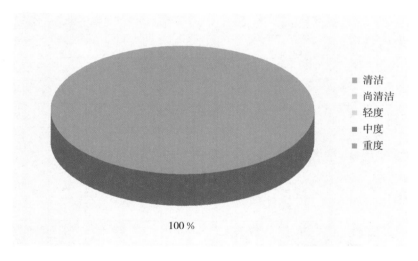

■ 清洁
■ 尚清洁
■ 轻度
■ 中度
■ 重度

100 %

图 13-1　综合评价结果统计图

13.1.2　基本农田区（主要为粮、棉、油生产区）土壤环境质量监测

13.1.2.1　监测概述

2012年6—8月，全省开展了主要粮、棉、油生产区土壤环境质量监测工作。根据所选基本农田所在行政区域、作物种类、土壤质量上有明显不同的原则，结合我省实际，选定全省16个市、48个基本农田区开展土壤环境质量监测工作，共布设240个采样点，对pH、有机质含量、阳离子交换量、镉、汞、砷、铅、铬、铜、锌、镍、锰、钒、钴、DDT、六六六和苯并（a）芘共17项指标进行了监测，其中锰、钒、钴为选测项。

13.1.2.2 监测评价结果

此次土壤环境质量监测执行《土壤环境质量标准》（GB 15618—1995）二级标准，标准以外的项目执行《全国土壤污染状况评价技术规定》（环发〔2008〕39号）中所列出的国外参考标准。

评价结果表明：240个监测点位中有32个超标，超标率为13%，其中，轻微、轻度、中度和重度污染点位数量分别为31个、1个、0个和0个；所占比例分别为12.9%、0.4%、0%和0%。无机污染超标点位26个，有机污染超标点位6个，分别占总调查点位的10.8%和2.5%。从分布情况来看，无机污染物超标点多分布于沿江和江南，沿淮和淮北各市的土壤无机污染物超标测点较少，有机污染物超标点多集中于池州、淮南两市。

超标的监测项目中，21个点土壤镉超标，超标率为8.8%，其中轻微污染20个、轻度污染1个；3个测点铜超标，超标率为1.2%，均为轻微污染；15个测点镍超标，超标率为6.3%，均为轻微污染；7个测点滴滴涕超标，超标率为2.9%，均为轻微污染；1个测点苯并（a）芘超标，超标率为0.4%，为轻微污染。

表 13-2 土壤监测结果统计表

统计项目	无污染		轻微污染		轻度污染		中度污染		重度污染		监测数量	超标率（%）
	个数	%	个数	%	个数	%	个数	%	个数	%		
Cd	219	91.3	20	8.3	1	0.4	0	0	0	0	240	8.8
Hg	240	100	0	0	0	0	0	0	0	0	240	0
As	240	100	0	0	0	0	0	0	0	0	240	0
Pb	240	100	0	0	0	0	0	0	0	0	240	0
Cr	240	100	0	0	0	0	0	0	0	0	240	0
Cu	237	98.8	3	1.3	0	0	0	0	0	0	240	1.2
Zn	240	100	0	0	0	0	0	0	0	0	240	0
Ni	225	93.8	15	6.3	0	0	0	0	0	0	240	6.3
Mn	60	100	0	0	0	0	0	0	0	0	60	0
V	15	100	0	0	0	0	0	0	0	0	15	0
Co	15	100	0	0	0	0	0	0	0	0	15	0
六六六	240	100	0	0	0	0	0	0	0	0	240	0
滴滴涕	233	97.1	7	2.9	0	0	0	0	0	0	240	2.9
苯并（a）芘	239	99.6	1	0.4	0	0	0	0	0	0	240	0.4
综合	208	86.7	31	12.9	1	0.4	0	0	0	0	240	13.3
无机	214	89.2	25	10.4	1	0.4	0	0	0	0	240	10.8
有机	234	97.5	6	2.5	0	0	0	0	0	0	240	2.5

13.1.2.3 综合评价分析

采用内梅罗指数综合评价方法计算每个地块的土壤综合污染指数评价等级，结果表明：全省共监测了48个基本农田区土壤环境质量，其中40块农田区综合污染指数均小于或等于0.7，污染级别属于清洁（安全）级别，占比83.33%；综合污染指数大于0.7小于等于1.0的农田共6块，污染级别属于尚清洁级别，占比12.5%；大于1.0小于等于2.0的农田共2块，污染级别属于轻度污染，占比4.17%。总的来看，本次监测全省农田区土壤中污染物含量不高，污染程度较轻。

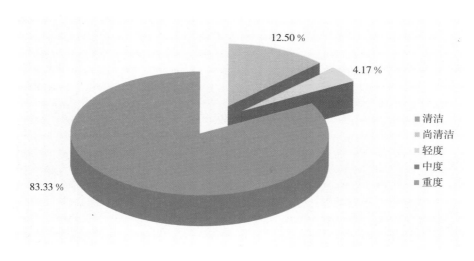

图13-2 综合评价结果统计图

13.1.3 主要蔬菜种植基地环境质量监测

13.1.3.1 监测概述

2013年5—10月开展全省蔬菜地土壤环境质量监测工作。根据所选基本农田区在行政区域、作物种类、土壤质量上有明显不同的原则，结合我省实际，选定全省16个市、48个蔬菜种植基地开展土壤环境质量监测工作，共布设240个采样点，对pH、有机质含量、阳离子交换量、镉、汞、砷、铅、铬、铜、锌、镍、锰、钒、银、铊、钴、锑、DDT、六六六和苯并（a）芘、氯丹、七氯和代森锌共23项指标进行了监测，其中锰、钒、银、铊、钴、锑为选测项。

13.1.3.2 监测评价结果

此次土壤环境质量监测执行《土壤环境质量标准》（GB 15618—1995）二级标准，标准以外的项目执行《全国土壤污染状况评价技术规定》（环发〔2008〕39号）中所列出的国外参考标准。

评价结果表明：240个监测点位中有31个超标，超标率为12.92%，其中，轻微、轻度、中度和重度污染点位数量分别为27个、2个、1个、1个；所占比例分别11.25%、0.83%、0.42%和0.42%。无机污染超标点位24个，有机污染超标点位7个，分别占总调查点位的10%和2.92%。

超标的监测项目中，20 个测点镉元素超标，其中轻度污染 2 个、轻微污染 18 个；2 个测点汞元素超标，均为轻微污染；1 个测点铅元素超标，为重度污染；6 个测点铜元素超标，其中中度污染 1 个、轻微污染 5 个；1 个测点锌元素超标，为轻度污染；1 个测点铊元素超标，为轻微污染；2 个测点苯并（a）芘超标，均为轻微污染；5 个测点代森锌超标，均为轻微污染。

从分布情况来看，无机污染物超标点多分布于沿江和江南，沿淮和淮北各市的土壤无机污染物超标测点较少；有机污染物超标点多集中于芜湖、池州两市。

表 13－3　土壤监测结果统计表

统计项目	无污染		轻微污染		轻度污染		中度污染		重度污染		监测数量	超标率（%）
	个数	%	个数	%	个数	%	个数	%	个数	%		
Cd	220	91.7	18	7.5	2	0.8	0	0	0	0	240	8.3
Hg	238	99.2	2	0.8	0	0	0	0	0	0	240	0.8
As	240	100	0	0	0	0	0	0	0	0	240	0
Pb	239	99.6	0	0	0	0	0	0	1	0.4	240	0.4
Cr	240	100	0	0	0	0	0	0	0	0	240	0
Cu	234	97.5	5	2.1	0	0	1	0.4	0	0	240	2.5
Zn	239	99.6	0	0	1	0.4	0	0	0	0	240	0.4
Ni	240	100	0	0	0	0	0	0	0	0	240	0
V	240	100	0	0	0	0	0	0	0	0	240	0
Mn	240	100	0	0	0	0	0	0	0	0	240	0
Co	240	100	0	0	0	0	0	0	0	0	240	0
Ag	240	100	0	0	0	0	0	0	0	0	240	0
Tl	239	99.6	1	0.4	0	0	0	0	0	0	240	0.4
Sb	240	100	0	0	0	0	0	0	0	0	240	0
六六六	240	100	0	0	0	0	0	0	0	0	240	0
滴滴涕	240	100	0	0	0	0	0	0	0	0	240	0
苯并（a）芘	238	99.2	2	0.8	0	0	0	0	0	0	240	0.8
氯丹	240	100	0	0	0	0	0	0	0	0	240	0
七氯	240	100	0	0	0	0	0	0	0	0	240	0
代森锌	235	97.9	5	2.1	0	0	0	0	0	0	240	2.1
综合	209	87.1	27	11.25	2	0.83	1	0.42	1	0.42	240	12.9
无机	216	90.0	20	8.33	2	0.83	1	0.42	1	0.42	240	10.0
有机	233	97.1	7	2.92	0	0	0	0	0	0	240	2.9

13.1.3.3 综合评价分析

采用内梅罗指数综合评价方法计算每个地块的土壤综合污染指数评价等级。结果表明：全省共监测了48块蔬菜地土壤环境质量，其中42个蔬菜地综合污染指数均小于或等于0.7，污染级别属于清洁（安全）级别，占比87.5%；综合污染指数大于0.7小于等于1.0的蔬菜地共4个，污染级别属于尚清洁级别，占比8.3%；大于1.0小于等于2.0的蔬菜地共2个，污染级别属于轻度污染，占比4.2%；无中度和重度污染。

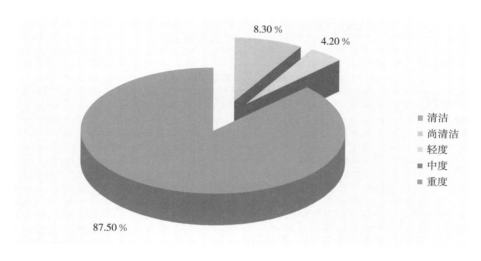

图 13-3 综合评价结果统计图

13.1.4 集中式饮用水水源地环境质量监测

13.1.4.1 监测概述

2014年5—10月开展全省饮用水源地土壤环境质量监测分析工作。在16个市中，每个市选择2块有代表性饮用水源地作为监测区域，在一级陆域保护区均匀布设5个采样点，共布设160个采样点，对pH、有机质含量、阳离子交换量、镉、汞、砷、铅、铬、铜、锌、镍、锰、钒、银、铊、钴、锑、DDT、六六六和苯并（a）芘共20项指标进行了监测，其中锰、钒、银、铊、钴、锑为选测项。

13.1.4.2 监测评价结果

此次土壤环境质量监测执行《土壤环境质量标准》（GB 15618—1995）一级标准，标准以外的项目执行《全国土壤污染状况评价技术规定》（环发〔2008〕39号）中所列出的国外参考标准。

评价结果表明：160个测点中有71个测点超标，超标率为44.38%，其中，轻微、轻度、中度和重度污染点位数量分别为43个、14个、9个和5个，所占比例分别为26.88%、8.75%、5.63%和3.13%。无机污染超标测点71个，有机污染超标测点2个，分别占总调查点位的44.38%、1.25%。

超标的监测项目中，40个测点镉元素超标，其中轻微污染20个、轻度污染8个、中度污染9个、重度污染3个；11个测点汞元素超标，均为轻微污染；26个测点砷元素超标，其中轻微污染 21 个、轻度污染 3 个、中度污染 1 个、重度污染 1 个；35 个测点铅元素超标，均为轻微污染；12 个测点铬元素超标，其中轻微污染 11 个、轻度污染 1 个；50 个测点铜元素超标，其中轻微污染 35 个、轻度污染 11 个、中度污染 3 个、重度污染 1 个；48 个测点锌元素超标，其中轻微污染 47 个、中度污染 1 个；27 个测点镍元素超标，均为轻微污染；3 个测点锰元素超标，均为轻微污染；4 个测点银元素超标，均为轻微污染；2 个测点苯并（a）芘超标，轻微污染和中度污染各 1 个。

从分布情况来看，无机污染物超标点多分布于沿江和皖南，沿淮和皖北各市的土壤无机污染物超标测点较少；有机污染物多不超标，2 个超标测点分别位于池州市和铜陵市。

表 13-4　土壤监测结果统计表

统计项目	无污染		轻微污染		轻度污染		中度污染		重度污染		监测数量	超标率（%）
	个数	%	个数	%	个数	%	个数	%	个数	%		
Cd	120	75.0	20	12.5	8	5	9	5.6	3	1.9	160	25
Hg	149	93.1	11	6.9	0	0	0	0	0	0	160	6.9
As	134	83.8	21	13.1	3	1.9	1	0.6	1	0.6	160	16.3
Pb	125	78.1	35	21.9	0	0	0	0	0	0	160	21.9
Cr	148	92.5	11	6.9	1	0.6	0	0	0	0	160	7.5
Cu	110	68.8	35	21.9	11	6.9	3	1.9	1	0.6	160	31.3
Zn	107	69.0	47	29.4	0	0	0	0	0	0	155	30
Ni	133	83.1	27	16.9	0	0	0	0	0	0	160	16.9
V	70	100	0	0	0	0	0	0	0	0	70	0
Mn	77	96.3	3	1.9	0	0	0	0	0	0	80	1.9
Co	70	100	0	0	0	0	0	0	0	0	70	0
Ag	56	93.3	4	2.5	0	0	0	0	0	0	60	2.5
Tl	60	100	0	0	0	0	0	0	0	0	60	0
Sb	60	100	0	0	0	0	0	0	0	0	60	0
六六六	160	100	0	0	0	0	0	0	0	0	160	0
滴滴涕	160	100	0	0	0	0	0	0	0	0	160	0
苯并（a）芘	158	98.8	1	0.6	0	0	1	0.6	0	0	160	1.3
综合	89	55.6	43	26.9	14	8.8	9	5.6	5	3.1	160	44.4
无机	89	55.6	43	26.9	14	8.8	9	5.6	5	3.1	160	44.4
有机	158	98.8	1	0.6	0	0	1	0.6	0	0	160	1.3

13.1.4.3　综合评价分析

采用内梅罗指数综合评价方法计算每个地块的土壤综合污染指数评价等级。结果表明：全省共监测了 32 个饮用水源地周边土壤环境质量，其中 9 个饮用水源地综合污染指数均小于或等于 0.7，污染级别属于清洁（安全）级别，占比 28.1％；综合污染指数大于 0.7 小于等于 1.0 的饮用水源地共 14 个，污染级别属于尚清洁级别，占比 43.8％；大于 1.0 小于等于 2.0 的饮用水源地共 5 个，污染级别属于轻度污染，占比 15.6％；大于 2.0 小于等于 3.0 的饮用水源地共 2 个，污染级别属于中度污染，占比 6.3％；大于等于 3.0 的饮用水源地共 2 个，污染级别属于重度污染，占比 6.3％。

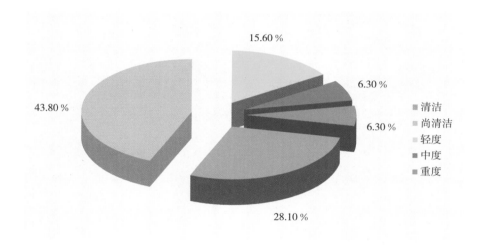

图 13 - 4　综合评价结果统计图

13.1.5　省会城市绿地土壤环境质量监测

13.1.5.1　监测概述

2014 年我省对省会合肥市绿地土壤环境质量例行监测工作。按技术规范要求，选择了合肥市公园绿地、居民小区绿地和道路绿化带三种类型（建成 5 年以上），并在城市中心和东南西北五个区域，各布设 3 个采样点共 45 个点位作为监测点。对 pH、有机质含量、阳离子交换量、镉、汞、砷、铅、铬、铜、锌、镍、锰、钒、银、铊、钴、锑、DDT、六六六和苯并（a）芘共 20 项指标进行了监测，其中锰、钒、银、铊、钴、锑为选测项。

13.1.5.2　监测评价结果

此次土壤环境质量监测执行《土壤环境质量标准》（GB 15618—1995）二级标准，标准以外的项目执行《全国土壤污染状况评价技术规定》（环发〔2008〕39 号）中所列出的国外参考标准。评价结果表明：45 个监测点位中无监测项目超标。

表 13 - 5　土壤监测结果统计表

统计项目	无污染		轻微污染		轻度污染		中度污染		重度污染		监测数量	超标率（%）
	个数	%	个数	%	个数	%	个数	%	个数	%		
Cd	45	100	0	0	0	0	0	0	0	0	45	0
Hg	45	100	0	0	0	0	0	0	0	0	45	0
As	45	100	0	0	0	0	0	0	0	0	45	0
Pb	45	100	0	0	0	0	0	0	0	0	45	0
Cr	45	100	0	0	0	0	0	0	0	0	45	0
Cu	45	100	0	0	0	0	0	0	0	0	45	0
Zn	45	100	0	0	0	0	0	0	0	0	45	0
Ni	45	100	0	0	0	0	0	0	0	0	45	0
V	45	100	0	0	0	0	0	0	0	0	45	0
Mn	45	100	0	0	0	0	0	0	0	0	45	0
Co	45	100	0	0	0	0	0	0	0	0	45	0
Ag	45	100	0	0	0	0	0	0	0	0	45	0
Tl	45	100	0	0	0	0	0	0	0	0	45	0
Sb	45	100	0	0	0	0	0	0	0	0	45	0
六六六	45	100	0	0	0	0	0	0	0	0	45	0
滴滴涕	45	100	0	0	0	0	0	0	0	0	45	0
苯并（a）芘	45	100	0	0	0	0	0	0	0	0	45	0
综合	45	100	0	0	0	0	0	0	0	0	45	0
无机	45	100	0	0	0	0	0	0	0	0	45	0
有机	45	100	0	0	0	0	0	0	0	0	45	0

13.1.5.3　综合评价分析

采用内梅罗指数综合评价方法计算每个地块的土壤综合污染指数评价等级。结果表明：公园绿地 5 个方位测点的综合污染等级均为清洁等级，无轻度、中度、重度污染级别；居民小区绿地 5 个方位测点的综合污染等级均为清洁等级，无轻度、中度、重度污染级别。

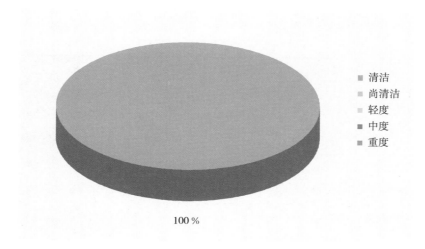

100 %

- 清洁
- 尚清洁
- 轻度
- 中度
- 重度

图 13-5 综合评价结果统计图

13.1.6 规模畜禽养殖场周边环境质量监测

13.1.6.1 监测概述

2015 年 5—10 月我省开展规模畜禽养殖场周边土壤环境质量监测工作。全省 16 个市每市选择 3 块具有一定规模的畜禽养殖场作为监测区域，在畜禽养殖场外围 500 米范围内采按网格布点法随机抽取 5 个地块中心部位布点，共布设 240 个采样点，对 pH、有机质含量、阳离子交换量、镉、汞、砷、铅、铬、铜、锌、镍、锰、钒、银、铊、钴、锑、DDT、六六六和苯并（a）芘共 20 项指标进行了监测，其中锰、钒、银、铊、钴、锑为选测项。

13.1.6.2 监测评价结果

此次土壤环境质量监测执行《土壤环境质量标准》（GB 15618—1995）二级标准，标准以外的项目执行《全国土壤污染状况评价技术规定》（环发〔2008〕39 号）中所列出的国外参考标准。

评价结果表明：240 个测点中共有 26 个测点超标，超标率为 10.8%，其中，轻微、轻度、中度和重度污染点位数量分别为 19 个、5 个、2 个、0 个，所占比例分别为 7.9%、2.1%、0.8% 和 0%。无机污染超标测点 26 个，有机污染超标测点 1 个，分别占总调查点位的 10.8%、0.4%。

超标的监测项目中，9 个测点镉元素超标，均为轻微污染；4 个测点汞元素超标，其中轻微污染 1 个、轻度污染 3 个；9 个测点砷元素超标，其中轻微污染 6 个、轻度污染 1 个、中度污染 2 个；2 个测点铜元素超标，均为轻微污染；3 个测点锌元素超标，其中轻度污染 1 个、中度污染 2 个；3 个测点镍元素超标，均为轻微污染；1 个测点锰元素超标，为轻微污染；1 个测点铊元素超标，为轻微污染；1 个测点六六六超标，为轻微污染。

从分布情况来看，无机污染物超标点多分布于沿江和皖南，沿淮和皖北各市的土壤无机污染物超标测点较少；有机污染物多不超标。

表 13-6　土壤监测结果统计表

统计项目	无污染		轻微污染		轻度污染		中度污染		重度污染		监测数量	超标率（％）
	个数	％	个数	％	个数	％	个数	％	个数	％		
Cd	231	96.3	9	2.8	0	0	0	0	0	0	240	2.8
Hg	236	98.3	1	0.4	3	1.3	0	0	0	0	240	1.7
As	231	96.3	6	2.5	1	0.4	2		0	0	240	2.8
Pb	240	100	0	0	0	0	0	0	0	0	240	0
Cr	240	100	0	0	0	0	0	0	0	0	240	0
Cu	238	99.2	2	0.8	0	0	0	0	0	0	240	0.8
Zn	237	98.8	0	0	1	0.4	2	0.8	0	0	240	1.3
Ni	237	98.8	3	1.3	0	0	0	0	0	0	240	1.3
V	45	100	0	0	0	0	0	0	0	0	45	0
Mn	59	98.3	1	0.4	0	0	0	0	0	0	60	0.4
Co	45	100	0	0	0	0	0	0	0	0	45	0
Ag	45	100	0	0	0	0	0	0	0	0	45	0
Tl	44	97.8	1	0.4	0	0	0	0	0	0	45	0.4
Sb	45	100	0	0	0	0	0	0	0	0	45	0
六六六	239	99.6	1	0.4	0	0	0	0	0	0	240	0.4
滴滴涕	240	100	0	0	0	0	0	0	0	0	240	0
苯并(a)芘	240	100	0	0	0	0	0	0	0	0	240	0
综合	214	89.2	19	7.9	5	2.1	2	0.8	0	0	240	10.8
无机	214	89.2	19	7.9	5	2.1	2	0.8	0	0	240	10.8
有机	239	99.6	1	0.4	0	0	0	0	0	0	240	0.4

13.1.6.3　综合评价分析

采用内梅罗指数综合评价方法计算每个地块的土壤综合污染指数评价等级。结果表明：在全省监测的 48 个畜禽养殖场周边土壤中，38 个综合污染指数小于或等于 0.7，其污染级别属于清洁（安全）级别，占比 79.2％；9 个综合污染指数大于 0.7 小于等于 1.0，其污染级别属于尚清洁级别，占比 18.8％；1 个综合污染指数大于 1.0 小于等于 2.0，其污染级别属于轻度污染，占比 2.1％；无中度和重度污染。

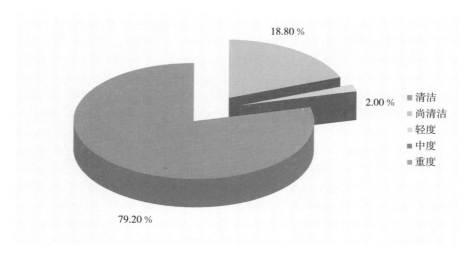

18.80 %

2.00 %

■ 清洁
■ 尚清洁
■ 轻度
■ 中度
■ 重度

79.20 %

图 13 - 6　综合评价结果统计图

13.2　"十二五"土壤监测工作综述

13.2.1　总结

　　"十二五"期间在全省范围内每年开展一项专题监测，2014 年在省会合肥增加了一项绿地专题监测，五年间，共对 201 个地块的 993 个监测点位进行监测，其中有 160 个测点出现超标，超标率为 16.1%。在 160 个超标点位中有 71 个饮用水源地土壤样品，按照国家要求饮用水源地土壤评价执行一级标准。统计"十二五"的土壤监测数据，采用插值法作出安徽省土壤中 8 种主要元素分布图。

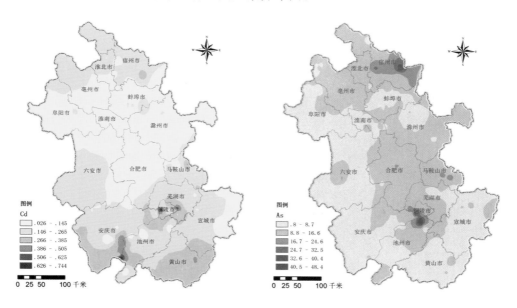

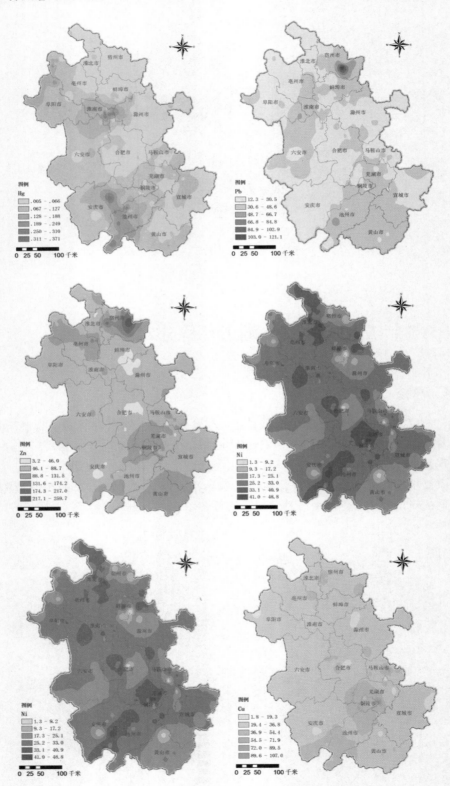

图 13-7　全省土壤各元素含量分布图

　　根据内梅罗指数综合评价方法，计算"十二五"期间六个专项监测的全部地块的土壤综合污染指数评价等级。评价结果表明：全省共监测了 201 个地块的土壤环境质量，其中 154 个综合污染指数均小于或等于 0.7，污染级别属于清洁（安全）级别，占比 76.62%；综合污染指数大于 0.7 小于等于 1.0 的地块共 33 个，污染级别属于尚清洁级别，占比 16.42%；大于 1.0 小于等于 2.0 的地块共 10 个，污染级别属于轻度污染，占比 4.98%；大于 2.0 小于等于 3.0 的地块共 2 个，污染级别属于中度污染，占比 1.00%；大于等于 3.0 的地块共 2 个，污染级别属于重度污染，占比 1.00%。

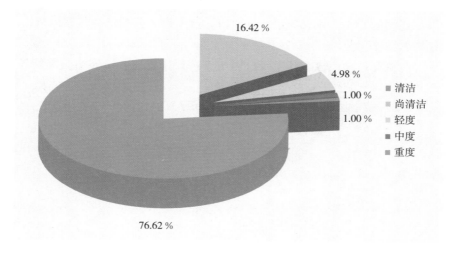

图 13 - 8　综合评价结果统计图

　　总体来看，"十二五"监测全省土壤总体较为安全，93.04%的调查地块属于清洁和尚清洁水平。

13.2.2　趋势分析

　　"十二五"期间，共获取 993 个土样监测结果，其中镉、汞、砷、铅、铬、铜、锌、镍、DDT、六六六和苯并（a）芘 11 项在多数专项土壤监测中均为必测项目，其数据量多于 900 个，锰、钒、银、铊、钴、锑 6 项在多数专项土壤监测中均为选测项目，其数据量多于 300 个和 500 个之间；氯丹、七氯和代森锌仅在 2013 年进行了监测。因为监测项目不对应和监测项目检出限不同，仅对镉、汞、砷、铅、铬、铜、锌、镍、锰、钒、钴 11 项污染物与"十一五"土壤调查均值进行对比分析。

　　与"十一五"土壤调查均值相比，11 个无机污染物中铬、钒、锰三种污染物有一定幅度下降，镉、汞、砷、铅、铜、锌、镍、钴 8 种污染物在土壤中的含量都有上升。

13.2.3　原因分析

　　（1）受周边污染源影响

　　超标区域周边多存在污染源，超标测点较多的地区，产业布局较为密集，区域附近的大型工业园区有金属冶炼及化工生产企业，生产废气大多以中、高架排气筒对外排放，而部分监测区域在排气筒排放污染物的落点范围内，造成该监测区域部分测点项目超标，如铜陵市、蚌埠市。

（2）区域本底值偏高

因矿产资源开发利用和高地球化学背景导致土壤重金属含量偏高，部分重金属呈现区域性、流域性分布特征，测点所在地区的土壤某些重金属浓度背景值偏高，土壤例行监测显示该类重金属超标存在广泛性、均匀分布性特征。如：池州市和黄山市。

（3）受污染物迁移影响

从饮用水源地周边土壤超标点位分布来看，长江沿线的普遍超标，可能受长江流域上游污染物迁移的影响，如安庆市、铜陵市、池州市、芜湖市、马鞍山市。

（4）作物农药使用不当

滴滴涕等有机污染物超标，其主要原因与农药使用有关，滴滴涕等降解较为缓慢，导致监测值超标。

农村环境质量监测

14.1　监测概况

14.1.1　专项监测（2011—2012 年）

根据总站《关于印发农村"以奖促治"村庄专项监测调整实施方案的通知》（总站生字〔2009〕155 号），2011—2012 年农村专项监测情况如下：

2011 年，在上一年 6 个村庄工作基础上，增加铜陵市狮子山区朝山村、六安市金寨县响洪甸村和池州市石台县新农村 3 个村庄，共计监测 9 个村庄。

2012 年，增加从农村连片整治村庄中选出的蚌埠市怀远县潘新村、合肥市庐江县河口新村和宣城市绩溪县龙川村 3 个村庄，共计监测 12 个村庄。

14.1.2　试点监测（2013—2015 年）

2013 年，按照《2013 年国家环境监测方案》要求，全省组织对 10 个县的 10 个村庄初步开展农村环境质量试点监测。

在 2013 年工作的基础上，正式全面开展农村环境质量试点监测工作。2014—2015 年为第一阶段，要求已列入国家重点生态功能区监测评价与考核的县全部进行监测、选择监测 1 个参加和 1 个未参加"以奖促治"农村环境综合整治项目的县域；2016—2018 年为文件规定的第二阶段，增加要求涵盖所有地级市；2019—2020 年为文件规定的第三阶段，增加要求每个地级市至少选择监测 3 个县域。

2014 年，根据环发〔2014〕125 号和总站《农村环境质量综合评价技术规定》文件，组织对 16 个县的 48 个村庄正式全面开展农村环境质量试点监测和综合评价工作。所监测村庄涵盖了全省所有 16 个地级城市，提前达到环发〔2014〕125 号文件规定的第二阶段任务。

在 2014 年工作基础上，经过调整全省组织对 19 个县的 35 个村庄开展农村环境质量试点监测和综合评价工作。

2011—2015 年，全省共对 28 个县的 73 个村庄开展了农村环境质量监测。

14.2 监测结果分析评价

14.2.1 农村环境空气

2011 年，全省 9 个县的 9 个村庄环境空气有效监测天数共 90 天，达标率 93.3％。其中，马鞍山市花山区 10 次监测 1 次超标，达标率 90％；庐江县 10 次监测 5 次超标，达标率 50％；其余 7 县全部达标。

2012 年，全省 11 个县的 12 个村庄环境空气有效监测天数共 120 天，达标率 96.7％。其中，太湖县 10 次监测 1 次超标，达标率 90％；铜陵市狮子山区 10 次监测 3 次超标，达标率 70％；其余 9 县全部达标。

2013 年，全省 10 个县的 10 个村庄环境空气有效监测天数共 185 天，达标率 99.5％。其中，天长市 20 次监测 1 次超标，达标率 95％；其余 9 县全部达标。

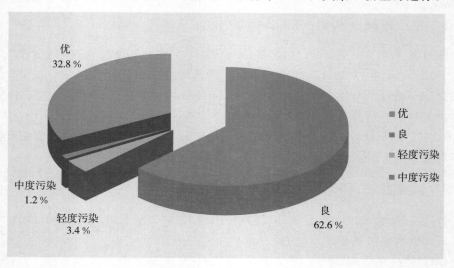

图 14-1 2011—2015 年农村环境空气监测结果总体评价

2014 年，全省 16 个县的 48 个村庄环境空气有效监测天数共 465 天，达标率 93.8％。其中，凤台县 30 次监测 12 次超标，达标率 60％；怀远县 30 次监测 15 次超标，达标率 50％；颍上县 30 次监测 1 次超标，达标率 96.7％；铜陵县 30 次监测 1 次超标，达标率 96.7％；其余 12 县全部达标。

2015 年，全省 19 个县的 35 个村庄环境空气有效监测天数共 700 天，达标率 95.6％。其中，潜山县 60 次监测 2 次超标，达标率 96.7％；含山县 60 次监测 19 次超标，达标率 68.3％；凤台县 20 次监测 8 次超标，达标率 60％；宿州市埇桥区 20 次监测 2 次超标，达标率 90％；其余 15 县全部达标。

2011—2015 年，全省 29 个县的 73 个村庄环境空气有效监测天数共 1560 天，优 32.8％、良 62.6％、轻度污染 3.4％、中度污染 1.2％，环境空气状况总体较好。

表 14－1 2011—2015 年农村环境空气监测结果评价

县	年份	有效监测天数（d）	达标率（%）	县	年份	有效监测天数（d）	达标率（%）
太湖县	2011	10	100	石台县	2014	30	100
宿州市埇桥区	2011	10	100	南陵县	2014	30	100
界首市	2011	10	100	含山县	2014	30	100
石台县	2011	10	100	肥西县	2014	30	100
金寨县	2011	10	100	凤台县	2014	30	60
马鞍山市花山区	2011	10	90	怀远县	2014	30	50
铜陵市狮子山区	2011	10	100	颍上县	2014	30	96.7
庐江县	2011	10	50	铜陵县	2014	30	96.7
合肥市包河区	2011	10	100	利辛县	2014	30	100
2011 年合计	2011	90	93.3	天长市	2014	30	100
太湖县	2012	10	90	濉溪县	2014	15	100
宿州市埇桥区	2012	10	100	宿州市埇桥区	2014	30	100
界首市	2012	10	100	黄山市黄山区	2014	30	100
石台县	2012	10	100	泾县	2014	30	100
金寨县	2012	10	100	2014 年合计	2014	465	93.8
马鞍山市花山区	2012	10	100	霍山县	2015	60	100
铜陵市狮子山区	2012	10	70	金寨县	2015	60	100
庐江县	2012	20	100	岳西县	2015	60	100
合肥市包河区	2012	10	100	潜山县	2015	60	96.7
怀远县	2012	10	100	太湖县	2015	60	100
绩溪县	2012	10	100	石台县	2015	60	100
2012 年合计	2012	120	96.7	南陵县	2015	60	100
铜陵市郊区	2013	15	100	含山县	2015	60	68.3
天长市	2013	20	95	肥西县	2015	20	100
当涂县	2013	20	100	凤台县	2015	20	60
南陵县	2013	20	100	怀远县	2015	20	100
宁国市	2013	15	100	颍上县	2015	20	100
霍山县	2013	20	100	铜陵县	2015	20	100
金寨县	2013	20	100	利辛县	2015	30	100
利辛县	2013	15	100	天长市	2015	20	100
庐江县	2013	20	100	濉溪县	2015	20	100
肥东县	2013	20	100	宿州市埇桥区	2015	20	90
2013 年合计	2013	185	99.5	黄山市黄山区	2015	20	100
霍山县	2014	30	100	泾县	2015	20	100
岳西县	2014	30	100	2015 年合计	2015	700	95.6

14.2.2 农村饮用水水源地

（1）农村地表饮用水水源地

2011 年，全省 5 个县的 5 个村庄地表饮用水水源地共监测 5 次，达标率 80%。其中，太湖县 1 次监测 1 次超标，达标率 0%；其余 4 县全部达标。

2012 年，全省 7 个县的 7 个村庄地表饮用水水源地共监测 14 次，达标率 100%，7 县全部达标。

2013 年，全省 9 个县的 9 个村庄地表饮用水水源地共监测 35 次，达标率 100%，9 县全部达标。

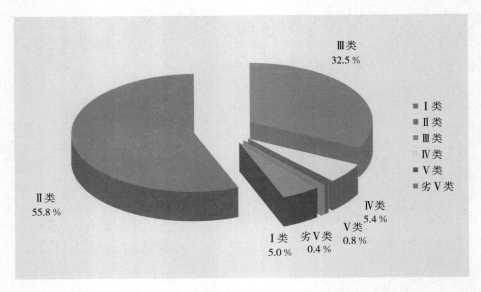

图 14 - 2　2011—2015 年农村地表饮用水源地监测结果总体评价

2014 年，全省 11 个县的 25 个村庄地表饮用水水源地共监测 74 次，达标率 82.4%。其中，石台县 8 次监测 1 次超标，达标率 87.5%；南陵县 12 次监测 8 次超标，达标率 33.3%；含山县 12 次监测 1 次超标，达标率 91.7%；天长市 12 次监测 3 次超标，达标率 75%；其余 7 县全部达标。

2015 年，全省 13 个县的 28 个村庄地表饮用水水源地共监测 112 次，达标率 98.2%。其中，石台县 8 次监测 1 次超标，达标率 87.5%；南陵县 12 次监测 1 次超标，达标率 91.7%；其余 11 县全部达标。

2011—2015 年，全省 22 个县的 48 个村庄地表饮用水水源地共监测 240 次，Ⅰ类 5%，Ⅱ类 55.8%，Ⅲ类 32.5%，Ⅳ类 5.4%，Ⅴ类 0.8%，劣Ⅴ类 0.4%，村庄地表饮用水水源地总体状况较好。

（2）农村地下饮用水水源地

2011 年，全省 5 个县的 5 个村庄地下饮用水水源地共监测 8 次，达标率 0%，太湖县、宿州市埇桥区、界首市、庐江县和合肥市包河区 5 县全部超标。

2012 年，全省 5 个县的 5 个村庄地下饮用水水源地共监测 18 次，达标率 33.3%。其中，怀远县 4 次监测 2 次超标，达标率 50%；太湖县全部达标，界首市、庐江县和合肥市包河区 3 县全部超标。

2013 年，全省 1 个县的 1 个村庄地下饮用水水源地共监测 3 次，达标率 0%，利辛县全部超标。

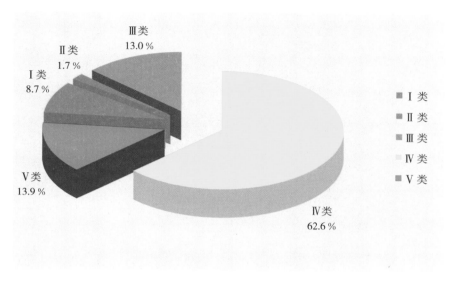

图 14-3 2011—2015 年农村地下饮用水源地监测结果总体评价

2014 年，全省 8 个县的 19 个村庄地下饮用水水源地共监测 54 次，达标率 18.5%。其中，利辛县和宿州市埇桥区 9 次监测 6 次超标，达标率 33.3%；石台县和肥西县全部达标，凤台县、颍上县、铜陵县和濉溪县 4 县全部超标。

2015 年，全省 8 个县的 8 个村庄地下饮用水水源地共监测 32 次，达标率 34.4%。其中，怀远县、铜陵县和濉溪县 4 次监测 3 次超标，达标率 25%；石台县和宿州市埇桥区全部达标，凤台县、颍上县和利辛县 3 县全部超标。

2011—2015 年，全省 13 个县的 25 个村庄地下饮用水水源地共监测 115 次，Ⅰ类 8.7%，Ⅱ类 1.7%，Ⅲ类 13%；Ⅳ类 62.6%，Ⅴ类 13.9%，村庄地下饮用水水源地总体状况较差，超标村庄主要位于市辖区和淮河以北地区。可见，关注农村饮用水安全、建设广大农村地区集中供水工程迫在眉睫而且任重道远。

14.2.3　县域地表水

2011 年，全省 9 个县的县域地表水共监测 10 次，达标率 40%。其中，宿州市埇桥区、界首市、马鞍山市花山区、铜陵市狮子山区、庐江县和合肥市包河区全部超标，太湖县、石台县和金寨县全部达标。

2012 年，全省 11 个县的县域地表水共监测 30 次，达标率 60%。其中，界首市和铜陵市狮子山区 2 次监测 1 次超标，达标率 50%；宿州市埇桥区、马鞍山市花山区和合肥市包河区全部超标；其余 6 县全部达标。

表 14 - 2　2011—2015 年农村饮用水水源地监测结果评价

县	年份	水源类型	监测次数	达标率（％）	县	年份	水源类型	监测次数	达标率（％）
太湖县	2011	地表水	1	0	利辛县	2013	地下水	3	0
		地下水	1	0	庐江县	2013	地表水	4	100
宿州市埇桥区	2011	地下水	3	0	肥东县	2013	地表水	4	100
界首市	2011	地下水	1	0	2013 年合计	2013	地表水	35	100
石台县	2011	地表水	1	100			地下水	3	0
金寨县	2011	地表水	1	100	霍山县	2014	地表水	9	100
马鞍山市花山区	2011	地表水	1	100	岳西县	2014	地表水	6	100
铜陵市狮子山区	2011	地表水	1	100	石台县	2014	地表水	8	87.5
庐江县	2011	地下水	2	0			地下水	4	100
合肥市包河区	2011	地下水	1	0	南陵县	2014	地表水	12	33.3
2011 年合计	2011	地表水	5	80	含山县	2014	地表水	12	91.7
		地下水	8	0	肥西县	2014	地表水	3	100
太湖县	2012	地表水	2	100			地下水	4	100
宿州市埇桥区	2012	地下水	4	100	凤台县	2014	地下水	9	0
界首市	2012	地下水	2	0	怀远县	2014	地表水	4	100
石台县	2012	地表水	2	100	颍上县	2014	地下水	9	0
金寨县	2012	地表水	2	100	铜陵县	2014	地表水	2	100
马鞍山市花山区	2012	地表水	2	100			地下水	4	0
铜陵市狮子山区	2012	地表水	2	100	利辛县	2014	地下水	9	33.3
庐江县	2012	地表水	2	100	天长市	2014	地表水	12	75
		地下水	4	0	濉溪县	2014	地下水	6	0
合肥市包河区	2012	地下水	4	0	宿州市埇桥区	2014	地下水	9	33.3
怀远县	2012	地下水	4	50	黄山市黄山区	2014	地表水	3	100
绩溪县	2012	地表水	2	100	泾县	2014	地表水	3	100
2012 年合计	2012	地表水	14	100	2014 年合计	2014	地表水	74	82.4
		地下水	18	33.3			地下水	54	18.5
铜陵市郊区	2013	地表水	4	100	霍山县	2015	地表水	12	100
天长市	2013	地表水	4	100	金寨县	2015	地表水	12	100
当涂县	2013	地表水	4	100	岳西县	2015	地表水	12	100
南陵县	2013	地表水	3	100	潜山县	2015	地表水	12	100
宁国市	2013	地表水	4	100	太湖县	2015	地表水	12	100
霍山县	2013	地表水	4	100	石台县	2015	地表水	8	87.5
金寨县	2013	地表水	4	100			地下水	4	100

（续表）

县	年份	水源类型	监测次数	达标率（%）	县	年份	水源类型	监测次数	达标率（%）
南陵县	2015	地表水	12	91.7	利辛县	2015	地下水	4	0
含山县	2015	地表水	12	100	天长市	2015	地表水	4	100
肥西县	2015	地表水	4	100	濉溪县	2015	地下水	4	25
凤台县	2015	地下水	4	0	宿州市埇桥区	2015	地下水	4	100
怀远县	2015	地下水	4	25	黄山市黄山区	2015	地表水	4	100
颍上县	2015	地下水	4	0	泾县	2015	地表水	4	100
铜陵县	2015	地表水	4	100	2015 年合计	2015	地表水	112	98.2
		地下水	4	25			地下水	32	34.4

2013 年，全省 10 个县的县域地表水共监测 42 次，达标率 73.8%。其中，天长市、南陵县和利辛县全部超标；其余 7 县全部达标。

2014 年，全省 16 个县的县域地表水共监测 156 次，达标率 73.1%。其中，南陵县 8 次监测 4 次超标，达标率 50%；颍上县 12 次监测 11 次超标，达标率 8.3%；铜陵县 8 次监测 1 次超标，达标率 87.5%；宿州市埇桥区 8 次监测 6 次超标，达标率 25%；利辛县、天长市和濉溪县全部超标；其余 9 县全部达标。

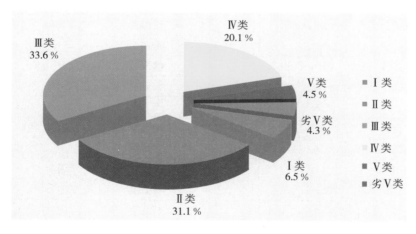

图 14 - 4　2011—2015 年县域地表水监测结果总体评价

2015 年，全省 19 个县的县域地表水共监测 144 次，达标率 70.8%。其中，怀远县 8 次监测 1 次超标，达标率 87.5%；颍上县 12 次监测 11 次超标，达标率 8.3%；铜陵县 12 次监测 3 次超标，达标率 75%；宿州市埇桥区 8 次监测 7 次超标，达标率 12.5%；利辛县、天长市和濉溪县全部超标，其余 12 县全部达标。

2011—2015 年，全省 29 个县的县域地表水共监测 382 次，Ⅰ类 6.5%，Ⅱ类 31.1%，Ⅲ类 33.6%，Ⅳ类 20.1%，Ⅴ类 4.5%，劣Ⅴ类 4.3%，县域地表水水质状况不容乐观，超标县域主要位于市辖区和淮河以北地区。

表 14 - 3   2011—2015 年县域地表水监测结果评价

县	年份	监测次数	达标率（%）	县	年份	监测次数	达标率（%）
太湖县	2011	1	100	石台县	2014	8	100
宿州市埇桥区	2011	1	0	南陵县	2014	8	50
界首市	2011	1	0	含山县	2014	4	100
石台县	2011	2	100	肥西县	2014	8	100
金寨县	2011	1	100	凤台县	2014	8	100
马鞍山市花山区	2011	1	0	怀远县	2014	8	100
铜陵市狮子山区	2011	1	0	颍上县	2014	12	8.3
庐江县	2011	1	0	铜陵县	2014	8	87.5
合肥市包河区	2011	1	0	利辛县	2014	8	0
2011 年合计	2011	10	40	天长市	2014	4	0
太湖县	2012	2	100	濉溪县	2014	8	0
宿州市埇桥区	2012	4	0	宿州市埇桥区	2014	8	25
界首市	2012	2	50	黄山市黄山区	2014	8	100
石台县	2012	4	100	泾县	2014	8	100
金寨县	2012	2	100	2014 年合计	2014	156	73.1
马鞍山市花山区	2012	2	0	霍山县	2015	8	100
铜陵市狮子山区	2012	2	50	金寨县	2015	12	100
庐江县	2012	4	100	岳西县	2015	4	100
合肥市包河区	2012	4	0	潜山县	2015	8	100
怀远县	2012	2	100	太湖县	2015	8	100
绩溪县	2012	2	100	石台县	2015	8	100
2012 年合计	2012	30	60	南陵县	2015	8	100
铜陵市郊区	2013	4	100	含山县	2015	4	100
天长市	2013	4	0	肥西县	2015	4	100
当涂县	2013	8	100	凤台县	2015	8	100
南陵县	2013	4	0	怀远县	2015	8	87.5
宁国市	2013	3	100	颍上县	2015	12	8.3
霍山县	2013	4	100	铜陵县	2015	12	75
金寨县	2013	4	100	利辛县	2015	8	0
利辛县	2013	3	0	天长市	2015	4	0
庐江县	2013	4	100	濉溪县	2015	8	0
肥东县	2013	4	100	宿州市埇桥区	2015	8	12.5
2013 年合计	2013	42	73.8	黄山市黄山区	2015	4	100
霍山县	2014	44	100	泾县	2015	8	100
岳西县	2014	4	100	2015 年合计	2015	144	70.8

14.2.4 农村土壤环境质量

2011 年，全省 3 个县的 3 个村庄土壤共监测 11 次，达标率 81.8％。其中，铜陵市狮子山区 4 次监测 2 次超标，达标率 50％；石台县和金寨县全部达标。

2012 年，全省 3 个县的 3 个村庄土壤共监测 39 次，达标率 100％。其中，怀远县、绩溪县和庐江县全部达标。

2013 年，全省 10 个县的 10 个村庄土壤共监测 144 次，达标率 99.3％。其中，利辛县 15 次监测 1 次超标，达标率 93.3％；其余 9 县全部达标。

2014 年，全省 16 个县的 48 个村庄土壤共监测 253 次，达标率 95.3％。其中，石台县 15 次监测 1 次超标，达标率 93.3％；铜陵县 15 次监测 3 次超标，达标率 80％；宿州市埇桥区 15 次监测 8 次超标，达标率 46.7％；其余 13 县全部达标。

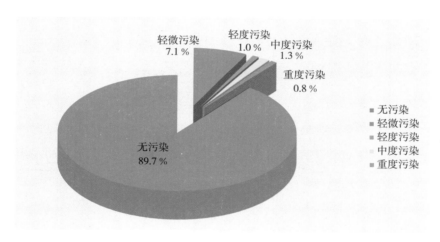

图 14-5 2011—2015 年农村土壤环境质量监测结果总体评价

2015 年，全省 3 个县的 9 个村庄土壤共监测 31 次，达标率 100％。金寨县、潜山县和太湖县全部达标。

2011—2015 年，全省 26 个县的 67 个村庄土壤共监测 478 次，无污染 89.7％，轻微污染 7.1％，轻度污染 1.0％，中度污染 1.3％，重度污染 0.8％，农村土壤环境质量状况总体较好，超标村庄主要位于市辖区。

表 14-4 2011—2015 年农村土壤环境质量监测结果评价

县	年份	监测次数	达标率（％）	县	年份	监测次数	达标率（％）
石台县	2011	3	100	庐江县	2012	9	100
金寨县	2011	4	100	怀远县	2012	15	100
铜陵市狮子山区	2011	4	50	绩溪县	2012	15	100
2011 年合计	2011	11	81.8	2012 年合计	2012	39	100

（续表）

县	年份	监测次数	达标率（%）	县	年份	监测次数	达标率（%）
铜陵市郊区	2013	15	100	肥西县	2014	60	100
天长市	2013	15	100	凤台县	2014	15	100
当涂县	2013	12	100	怀远县	2014	15	100
南陵县	2013	12	100	颍上县	2014	8	100
宁国市	2013	15	100	铜陵县	2014	15	80
霍山县	2013	15	100	利辛县	2014	15	100
金寨县	2013	15	100	天长市	2014	12	100
利辛县	2013	15	93.3	濉溪县	2014	15	100
庐江县	2013	15	100	宿州市埇桥区	2014	15	46.7
肥东县	2013	15	100	黄山市黄山区	2014	9	100
2013 年合计	2013	144	99.3	泾县	2014	9	100
霍山县	2014	15	100	2014 年合计	2014	253	95.3
岳西县	2014	9	100	金寨县	2015	13	100
石台县	2014	15	93.3	潜山县	2015	9	100
南陵县	2014	15	100	太湖县	2015	9	100
含山县	2014	11	100	2015 年合计	2015	31	100

14.3　综合评价和年际比较（2014—2015 年）

14.3.1　综合评价（2014—2015 年）

2014 年，全省 16 个县的农村环境质量综合状况中，2 个为优，7 个为良，7 个为一般。其中，农村环境状况中，2 个为优，8 个为良，6 个为一般；农村生态状况中，4 个为优，4 个为良，8 个为一般。

2015 年，全省 19 个县的农村环境质量综合状况中，5 个为优，7 个为良，7 个为一般。其中，农村环境状况中，5 个为优，8 个为良，6 个为一般；农村生态状况中，7 个为优，4 个为良，8 个为一般。

2014—2015 年，我省 19 县的农村环境状况、生态状况和环境质量综合状况均较为适合人类生活和生产。农村环境状况、生态状况和环境质量综合状况为一般的县主要位于淮河以北地区，主要原因是该地区普遍饮用水源地水质和地表水水质较差、生物丰度较低、植被覆盖较低和人类活动影响较大。

14.3.2　年际比较（2014—2015 年）

2014—2015 年，全省有 16 个县可进行年际比较。

与 2014 年相比，2015 年我省 16 个县的农村环境状况中，2 个县略微变好，1 个县略微变差，13 个县无明显变化。霍山县略微变好，原因是环境空气和地表水水质的变好；南陵县略微变好，原因是饮用水源地水质和地表水水质的变好；利辛县略微变差，原因是饮用水源地水质和地表水水质的变差。

与 2014 年相比，16 个县的农村生态状况中，14 个县略微变好，2 个县明显变好，出现普遍变好的主要原因是降雨量的明显增加。霍山县明显变好，原因是生物丰度、植被覆盖和降雨量的增多以及土地胁迫的减少；铜陵县明显变好，原因是降雨量的显著增多。

与 2014 年相比，16 个县的农村环境质量综合状况中，4 个县略微变好，1 个县略微变差，11 个县无明显变化。霍山县和南陵县略微变好，原因是环境状况和生态状况的变好；岳西县和濉溪县略微变好，原因是生态状况的变好；利辛县略微变差，原因是环境状况的变差超过了生态状况的变好。

总体来看，与 2014 年相比，2015 年 16 个县的农村环境状况、环境质量综合状况基本不变，农村生态状况普遍变好。由于农村生态状况的普遍变好主要受降雨量增大影响，存在不确定性，且个别县域存在农村环境状况和环境质量综合状况变差的情况，因此，如何切实改善农村环境状况和生态状况、加强农村适居性仍然迫在眉睫且任重道远。

14.4　存在的环境问题与对策建议

14.4.1　农村环境问题

2011—2015 年，通过对全省 28 个县 73 个村庄的农村环境质量监测结果的统计分析，目前全省农村区域存在的主要环境问题有以下几点：

（1）市辖区和淮河以北地区地下饮用水水源地水质和地表水水质污染严重。

（2）部分村庄农村土壤存在污染，从轻微污染至重度污染均有涉及。

（3）个别县域农村环境状况和环境质量综合状况变差，适居性下降。

14.4.2　对策建议

农村地区环保卫生意识相对淡薄，废水和垃圾无序乱排的传统生活模式，本已对农村环境造成了一定污染。而随着工业化和城镇化的快速推进，工矿污染企业逐渐向农村转移，给农村环境造成了不利影响，不适合人类生活的制约性因子大量出现，严重威胁农村环境安全和人民群众身心健康的同时，由于农村环境保护基础薄弱、生活污水和生活垃圾集中和无害化处理率低、监管力度不够和能力不足等客观事实，农村环境形势十分严峻，如何切实保护农村环境迫在眉睫且任重道远。结合 2011—2015 年的农村环境质量监测工作，提出以下建议。

表14-5　2014—2015年农村环境质量监测综合评价和年际比较结果

县	农村环境状况指数					农村生态状况指数					农村环境质量综合状况指数				
	2014	分级	2015	分级	年际变化	2014	分级	2015	分级	年际变化	2014	分级	2015	分级	年际变化
霍山县	88.87	良	96.00	优	略微变好	76.02	优	80.65	优	明显变好	83.73	良	89.86	优	略微变好
金寨县	/	/	90.13	优	无明显变化	/	/	77.87	/	/	/	/	85.23	优	/
岳西县	88.00	良	92.30	优	无明显变化	80.02	优	82.11	优	略微变好	84.81	良	88.22	优	略微变好
潜山县	/	/	86.90	良	/	/	/	73.08	良	/	/	/	81.37	良	/
太湖县	/	/	85.25	良	/	/	/	76.33	优	/	/	/	81.68	良	/
石台县	94.08	优	92.00	优	无明显变化	83.54	优	84.68	优	略微变好	89.87	优	89.07	优	无明显变化
南陵县	76.52	良	86.07	良	略微变好	62.07	良	63.85	良	略微变好	70.74	良	77.18	良	略微变好
含山县	82.55	良	84.28	良	无明显变化	57.98	良	59.16	良	略微变好	72.72	良	74.23	良	无明显变化
肥西县	84.57	良	87.45	良	无明显变化	49.29	一般	50.89	一般	略微变好	70.46	良	72.83	良	无明显变化
凤台县	70.60	一般	70.70	一般	无明显变化	46.54	一般	48.64	一般	略微变好	60.98	一般	61.88	一般	无明显变化
怀远县	79.45	良	75.00	良	无明显变化	43.44	一般	45.51	一般	略微变好	65.05	一般	63.20	一般	无明显变化
颍上县	64.77	一般	65.67	一般	无明显变化	40.87	一般	43.53	一般	略微变好	55.21	一般	56.81	一般	无明显变化
铜陵县	77.70	良	74.67	良	略微变差	59.99	良	64.51	良	明显变好	70.61	良	70.60	良	无明显变化
利辛县	70.10	一般	62.60	一般	无明显变化	35.81	一般	37.68	一般	略微变好	56.38	一般	52.63	一般	略微变差
天长市	74.77	一般	76.15	一般	无明显变化	51.59	一般	52.62	一般	略微变好	65.50	一般	66.74	一般	无明显变化
濉溪县	65.00	一般	69.25	一般	无明显变化	38.19	一般	39.67	一般	略微变好	54.28	一般	57.42	一般	略微变好
宿州市埇桥区	70.46	一般	74.05	一般	无明显变化	38.05	一般	39.07	一般	略微变好	57.49	一般	60.06	一般	无明显变化
黄山市黄山区	97.83	优	94.12	优	无明显变化	80.86	优	82.01	优	略微变好	91.04	优	89.27	优	无明显变化
泾县	87.12	良	88.75	良	无明显变化	74.32	良	77.13	良	略微变好	82.00	良	84.10	良	无明显变化

（1）加强农村环境监测，掌握农村环境的具体状况，为农村环境监管提供可靠依据和技术支持。加大农村环境监测保障力度，加强能力建设，切实保障环境监测组织机构、专业人才、仪器设备、技术装备以及运行和维护经费等，不断加大资金投入和支持力度。完善农村环境监测技术体系，优化农村环境监测技术体系，构建包含各种环境要素监测与评价指标体系，逐步完善农村环境质量监测与指标体系。

（2）加大农村环境保护政策和资金支持力度。全面落实"以奖促治，以奖代补"政策，大力开展农村环境综合整治和推进新农村改造，大力推进生态村、生态乡镇、生态市（县）等系列创建工作，为保护农村环境和营造优美整洁的村居环境提供政策和资金支持。重视农村环境问题，为农村生活污水和生活垃圾集中和无害化处理等问题提供更多的政策支持和解决方案。

（3）加大监管力度。依法查处污染和破坏农村环境的违法行为，严厉打击污染企业向农村转移，坚决控制发生新的污染和破坏生态现象。对污染企业加大监督检查力度，让企业废水、废气等严格按照规定排放。对乡镇污染企业和重点污染企业要建立更为严格的监控制度。

（4）加大宣传力度，加强农村地区环保卫生意识，积极引导健康环保的生活和生产方式。积极引导改善生活污水和生活垃圾处理方式、改善灌溉方式和施肥方式，合理使用农药，减少农村水和土壤污染。禁止秸秆焚烧，引导鼓励建立沼气池，减少农村空气污染。

辐射环境

15.1 2015 年全省辐射环境状况

15.1.1 电离辐射环境质量

（1）环境伽马辐射空气吸收剂量

2015 年，全省环境伽马辐射空气吸收剂量率保持在背景值水平。16 个地级市共布设 57 个环境累积伽马辐射空气吸收剂量监测点，每季度监测 1 次。全省累积伽马辐射空气吸收剂量率（含宇宙射线贡献值）均值为 101.9 纳戈瑞/小时，范围为 82.1～121.8 纳戈瑞/小时，属正常本底水平。

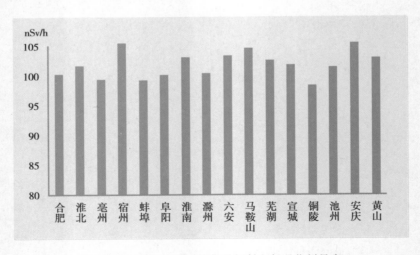

图 15-1 城市累积环境伽马辐射空气吸收剂量率

（2）地表水中放射性水平

全省江河水、湖泊、水库共布设 18 个地表水监测点，每半年监测 1 次。上述地表水的总阿尔法放射性水平范围在 0.01～0.05 贝克/升，总贝塔放射性水平范围在 0.01～0.25 贝克/升，水体总放射性处于正常本底范围。

表 15 - 1　2015 年安徽省城市环境累积伽马辐射空气吸收剂量率

单位：纳戈瑞/小时

城市	测值范围	平均值
合　肥	91.6～111.0	100.3
淮　北	92.3～109.0	101.7
亳　州	89.5～107.5	99.4
宿　州	96.1～115.8	105.5
蚌　埠	87.1～108.7	99.3
阜　阳	96.1～103.2	100.2
淮　南	91.5～119.2	103.1
滁　州	89.5～110.3	100.4
六　安	96.8～112.8	103.3
马鞍山	94.4～119.2	104.6
芜　湖	96.7～109.5	102.6
宣　城	96.1～112.8	101.8
铜　陵	82.1～109.0	98.4
池　州	89.4～107.7	101.4
安　庆	97.7～115.8	105.5
黄　山	87.3～121.8	103.0

注：以上数值未扣除宇宙射线响应值。

表 15 - 2　部分地表水体总放射性水平　　　　单位：贝克/升

地表水	城市	总 α 放射性	总 β 放射性
长江	安庆*、池州、铜陵、芜湖、马鞍山	0.02～0.03	0.10～0.12
淮河	蚌埠、阜阳*、淮南	0.03～0.05	0.09～0.15
淠河	六安（东淠河、西淠河、淠河总干渠）	0.01～0.02	0.04～0.15
水库、湖泊	合肥（董铺水库*、大房郢水库）、滁州（城西水库）、巢湖*	0.01～0.02	0.01～0.25

注：＊代表该点位为国控点。

（3）土壤中放射性水平

2015 年度新增土壤监测点 15 个，监测值为：^{238}U、^{232}Th、^{226}Ra、^{40}K、^{137}Cs，各放射性核含量测值范围分别为（单位：贝克/千克·干）：28.9～48.9（^{238}U）、49.3～63.9（^{232}Th）、28.4～44.3（^{226}Ra）、423～604（^{40}K）和检出限～2.5（^{137}Cs），未见异常。

表 15-3　2015 年安徽省土壤放射性核素含量　　单位：贝克/千克·干

地区	点位名称	放射性核素含量				
		^{238}U	^{232}Th	^{226}R$_a$	^{40}K	^{137}Cs
合肥市	科学岛	38.6	60.7	35.2	556	0.9
淮北市	濉溪县百善镇黄新庄村	28.9	51.4	34.0	531	1.9
亳州市	三水厂	37.3	52.7	35.8	591	1.7
宿州市	夏刘寨村	32.0	54.9	28.40	600	1.7
蚌埠市	南山儿童公园	29.3	49.3	29.7	547	1.0
阜阳市	来庄	43.2	61.1	34.4	493	1.4
淮南市	淮南农场	30.9	58.2	31.3	493	1.2
滁州市	城郊社区城西村	45.3	58.3	33.5	527	2.5
六安市	中央森林公园	44.0	63.8	35.3	604	<检出限
马鞍山市	含山县韶关村	42.2	55.6	31.4	437	<检出限
芜湖市	三山区响水涧	48.9	59.7	44.3	423	<检出限
宣城市	玉山饮用水源地	39.5	51.8	40.7	579	1.0
铜陵市	植物园	47.1	63.9	42.0	521	<检出限
池州市	平天湖	33.9	58.7	40.3	433	2.1
安庆市	菱湖公园	40.4	60.9	41.9	491	<检出限
黄山市	屯溪二水厂	34.0	51.0	40.7	579	<检出限

（4）辐射环境自动监测

2015 年全省共有 4 个辐射环境自动监测站开展了伽马辐射空气吸收剂量率连续监测，其年均值范围在 64.3～95.5 纳戈瑞/小时，月均值变化趋势平缓。

表 15-4　辐射环境自动监测站伽马辐射空气吸收剂量率　　单位：纳戈瑞/小时

站点名称	月均值范围	年均值
长江西路站	82.0～95.5	87.4
合肥市	74.2～77.8	76.1
宿州市	81.9～91.4	86.7
芜湖市	64.3～68.2	66.1

注：以上数值未扣除宇宙射线响应值。

2015 年合肥怀宁路站、宿州淮河路站和芜湖赭山路站开展了大气气溶胶中的 ^{90}Sr、^{210}Pb 及伽马核素水平分析。各放射性核素含量未见异常。

表 15-5 辐射环境自动监测站气溶胶中放射性核素含量 单位：毫贝克/立方米

站点名称	测值范围			
	^{90}Sr	^{210}Pb	^{40}K	^{7}Be
合肥怀宁路	<0.0067	1.01～2.52	<0.191	2.98～7.36
宿州淮河路	<0.0315	1.83～7.11	0.151～0.202	5.53～7.06
芜湖市赭山路	<0.0204	1.10～1.93	<0.257	2.88～7.66

在合肥市自动站开展了水汽中氚和大气沉降物放射性水平的测量。水汽中氚的监测结果小于 15 毫贝克/立方米，属正常本地水平范围；大气沉降物开展了 ^{90}Sr 放射性水平和伽马核素分析，各放射性核素含量未见异常。

15.1.2 电磁环境

2015 年，在合肥市开展了城市电磁辐射（射频）环境质量监测，监测点位电磁辐射环境水平为 0.81～0.85 微瓦/平方厘米，电磁环境质量状况良好。

15.1.3 总结

2015 年，全省伽马辐射空气吸收剂量率（含宇宙射线贡献值）均值为 101.9 纳戈瑞/小时，范围为 82.1～121.8 纳戈瑞/小时，属正常本底水平。长江、淮河和巢湖流域水体中的总阿尔法放射性水平范围在 0.01～0.05 贝克/升，总贝塔放射性水平范围在 0.01～0.25 贝克/升，水体总放射性水平处于正常本底范围。各市土壤监测点放射性水平未见异常。合肥、宿州和芜湖三个自动站采集的大气气溶胶中放射性核素水平未见异常。

2015 年，在合肥市开展了城市电磁辐射（射频）环境质量监测，监测点位电磁辐射环境水平为 0.81～0.85 微瓦/平方厘米，电磁环境质量状况良好。

15.2 2011—2015 年全省辐射环境状况

15.2.1 电离辐射环境质量

（1）环境伽马辐射空气吸收剂量率

"十二五"期间，全省 16 个地级城市共布设 57 个环境累积伽马辐射空气吸收剂量监测点，每季度监测 1 次。全省累积伽马辐射空气吸收剂量率（含宇宙射线贡献值）均值为 99.7 纳戈瑞/小时，范围为 95.1～102.8 纳戈瑞/小时。环境伽马辐射空气吸收剂量率保持在背景值水平。

表 15-6　全省环境累积伽马辐射空气吸收剂量率　　　　　　　　　单位：纳戈瑞/小时

城市	测点数	2011 年均值	2012 年均值	2013 年均值	2014 年均值	2015 年均值	"十二五"期间均值
合肥	8	98.6	87.4	85.4	104.9	100.3	95.3±8.5
淮北	3	96.7	98.1	97.1	98.1	101.7	98.3±2
亳州	3	98.2	100.2	100.2	88.9	99.4	97.4±4.8
宿州	3	105.7	100.2	96.7	100.7	105.5	101.8±3.8
蚌埠	3	107.6	102	102.4	102.6	99.3	102.8±3
阜阳	3	97.2	98.9	101.9	100.4	100.2	99.7±1.8
淮南	4	89.5	90.9	91.3	104.7	103.1	95.9±7.4
滁州	3	104.8	97.6	99.6	105.6	100.4	101.6±3.5
六安	3	101.5	103.7	100.7	102.7	103.3	102.4±1.3
马鞍山	4	98.9	96.4	93.6	103.5	104.6	99.4±4.7
芜湖	4	97.7	99.1	102.3	95.1	102.6	99.4±3.2
宣城	3	100.6	103.9	101.5	102	101.8	102.0±1.2
铜陵	3	92.1	86.6	91.8	106.4	98.4	95.1±7.5
池州	3	102.7	102.8	103	99.8	101.4	101.9±1.4
安庆	4	104.3	99.8	98.9	105.1	105.5	102.7±3.1
黄山	3	95.7	103.6	101.7	95.7	103	99.9±3.9

注：以上数值未扣除宇宙射线响应值。

（2）地表水放射性水平

长江、淮河、巢湖流域共布设 18 个地表水总阿尔法放射性、总贝塔放射性监测点，每半年监测 1 次。上述地表水的总阿尔法放射性不超过 0.18 贝克/升，总贝塔放射性水平不超过 0.82 贝克/升，水体总放射性处于正常本底范围。

表 15-7　地表水布点情况

地表水	城市	监测断面（点）数
长江	安庆、池州、铜陵、芜湖、马鞍山	7
淮河	蚌埠、阜阳、淮南	3
淠河	六安（东淠河、西淠河、淠河总干渠）	4
水库、湖泊	合肥（董铺水库、大房郢水库）、滁州（城西水库）、巢湖	4

"十二五"期间，对合肥市饮用水源地水开展了总放射性水平的监测，2015 年起增加了 15 个地级城市饮用水中总放射性水平的监测，监测频次为每年 2 次，监测结果见表 15-8。上述饮用水中总阿尔法放射性水平测值小于 0.11 贝克/升，总贝塔放射性水平范围在 0.03～0.26 贝克/升，饮用水源地水中总放射性处于正常本底范围。

表 15-8　地表水体总放射性水平　　　　　　　　　　　　　单位：贝克/升

地表水	2011 年		2012 年		2013 年		2014 年		2015 年	
	总阿尔法	总贝塔	总阿尔法	总贝塔	总阿尔法	总贝塔	总阿尔法	总贝塔	总阿尔法	总贝塔
长江	0.01~0.13	0.08~0.25	0.01~0.10	0.03~0.26	0.02~0.03	0.15~0.23	0.06~0.16	0.12~0.20	0.02~0.05	0.09~0.12
淮河	0.01~0.18	0.10~0.82	0.01~0.07	0.16~0.47	0.01~0.02	0.13~0.33	0.11~0.16	0.13~0.33	0.03~0.07	0.12~0.22
滁河	0.01~0.05	0.08~0.13	0.01~0.03	0.04~0.10	0.01~0.06	0.03~0.13	0.03~0.07	0.09~0.29	0.02~0.06	0.05~0.14
水库、湖泊	0.02~0.08	0.08~0.21	0.01~0.05	0.09~0.16	0.01~0.04	0.06~0.35	0.03~0.09	0.16~0.43	0.02~0.04	0.07~0.10

表 15-9　饮用水中总放射性水平　　　　　　　　　　　　　单位：贝克/升

城市	采样点	总阿尔法	总贝塔
合肥	董铺水库水源地	<检出限	0.07~0.08
淮北	淮北财校水源地	检出限~0.03	0.20~0.23
亳州	亳州市涡北水厂水源地	<检出限	0.15~0.23
宿州	宿州市一水厂水源地	0.04~0.06	0.09~0.14
蚌埠	蚌埠市沫河口	0.06~0.08	0.21~0.26
阜阳	阜阳市茨淮新河	0.02~0.03	0.03~0.04
淮南	淮南市三水厂水源地	检出限~0.02	0.12~0.13
滁州	滁州城西水库	<检出限	0.10~0.13
六安	六安市二水厂水源地	<检出限	0.05~0.07
马鞍山	马鞍山采石水厂水源地	<检出限	0.05~0.07
芜湖	芜湖市二水厂水源地	检出限~0.11	0.18~0.24
宣城	宣城水阳江玉山水源地	检出限~0.03	0.10~0.12
铜陵	铜陵市三水厂水源地	<检出限	0.11~0.18
池州	池州市江口水厂	<检出限	0.10~0.16
安庆	安庆市三水厂水源地	<检出限	0.17~0.25
黄山	屯溪二水厂水源地	检出限~0.04	0.03~0.06

（3）土壤中放射性水平

全省原有 1 个土壤中放射性水平监测点（合肥市），2015 年度在另 15 个地级城市各新增一个土壤监测点，监测频次为每年一次。各放射性核素含量测值范围分别为（单位：贝克/千克·干）：22.2~48.9 （^{238}U）、43.0~63.9 （^{232}Th）、24.0~63.7 （^{226}R$_a$）、400~604 （^{40}K）和检出限~2.5 （^{137}Cs），未见异常。

表 15 - 10　安徽省土壤放射性核素比活度　　　　单位：贝克/千克·干

城市	年份	^{238}U	^{232}Th	$^{226}R_a$	^{40}K	^{137}Cs
合肥市	2011 年	26.5	59.9	36.6	455	0.5
	2012 年	25.0	43.0	24.0	400	0.6
	2013 年	22.2	57.6	63.7	425	1.8
	2014 年	35.4	56.5	36.6	438	0.5
	2015 年	38.6	60.7	35.2	556	0.9
淮北市	2015 年	28.9	51.4	34.0	531	1.9
亳州市	2015 年	37.3	52.7	35.8	591	1.7
宿州市	2015 年	32.0	54.9	28.40	600	1.7
蚌埠市	2015 年	29.3	49.3	29.7	547	1.0
阜阳市	2015 年	43.2	61.1	34.4	493	1.4
淮南市	2015 年	30.9	58.2	31.3	493	1.2
滁州市	2015 年	45.3	58.3	33.5	527	2.5
六安市	2015 年	44.0	63.8	35.3	604	<检出限
马鞍山市	2015 年	42.2	55.6	31.4	437	<检出限
芜湖市	2015 年	48.9	59.7	44.3	423	<检出限
宣城市	2015 年	39.5	51.8	40.7	579	1.0
铜陵市	2015 年	47.1	63.9	42.0	521	<检出限
池州市	2015 年	33.9	58.7	40.3	433	2.1
安庆市	2015 年	40.4	60.9	41.9	491	<检出限
黄山市	2015 年	34.0	51.0	40.7	579	<检出限

15.2.2　电磁环境质量

　　"十二五"期间在合肥每年均开展了城市电磁（射频）环境质量监测，监测结果如下表。监测值范围为 0.16～0.92 微瓦/平方厘米，平均值为 0.63 微瓦/平方厘米。

表 15 - 11　"十二五"期间合肥城市电磁环境（射频）水平

单位：微瓦/平方厘米

城市	测值范围	平均值
2011 年	0.16～0.62	0.37
2012 年	0.41～0.79	0.62
2013 年	0.38～0.89	0.70
2014 年	0.36～0.92	0.66

（续表）

城市	测值范围	平均值
2015 年	0.81～0.85	0.82
"十二五"期间	0.16～0.92	0.63

15.2.3　总结

　　"十二五"期间，全省累积伽马辐射空气吸收剂量率（含宇宙射线贡献值）范围为 95.1～102.8 纳戈瑞/小时，均值为 99.7 纳戈瑞/小时，全省环境伽马辐射空气吸收剂量率保持在背景值水平。

　　长江、淮河和巢湖流域 18 个地表水中总阿尔法放射性不超过 0.18 贝克/升，总贝塔放射性水平不超过 0.82 贝克/升，地表水体总放射性处于正常本底范围。全省 16 个地级城市饮用水源地水中总阿尔法放射性水平测值小于 0.11 贝克/升，总贝塔放射性水平范围在 0.03～0.26 贝克/升，饮用水源地水中总放射性处于正常本底范围。全省 16 个土壤监测点的土壤中天然放射性核素和 ^{137}Cs 测值属于正常水平，未见异常。

　　"十二五"期间，在合肥市开展了城市电磁（射频）环境质量监测，城市环境电磁场强度范围在 0.37～0.82 微瓦/平方厘米，小于《电磁环境控制限值》（GB 8702—2014）规定的公众照射限值，属正常水平。

第四部分　专题分析

巢湖水生生物和蓝藻水华分析

16.1　巢湖水生生物和蓝藻水华分析

巢湖是我国五大淡水湖之一，位于长江中下游左岸，属长江流域重要支流，横卧在安徽中部，东濒长江，西枕大别山余脉。巢湖东、西两端向北突出，中间南凹，状如鸟巢。流域总面积 13350 平方千米，并以巢湖与其出水河流裕溪河之间的闸门分为两个部分，巢湖闸以上区域面积 9131 平方千米，闸以下面积为 4219 平方千米。流域涵盖合肥市区、肥西、肥东、巢湖、含山、和县、庐江、无为、舒城等市县。巢湖湖盆岸线长度 189 千米，长轴 54.5 千米，短轴 21.0 千米，湖底高程为 5～6 米，湖底几乎平坦，平均底坡比降 0.03％。正常水位下巢湖湖区面积约 780 平方千米，平均深度 3 米；正常蓄水位 8.0 米，设计洪水位 12.5 米，相应湖容分别为 17 和 52 亿立方米。

巢湖流域属于长江下游左岸巢湖水系，流域内共有大小河流 33 条，主要出入湖河流 9 条，分别为杭埠—丰乐河、派河、十五里河、南淝河、双桥河、柘皋河、兆河、白石天河和裕溪河，其中杭埠—丰乐河、派河、南淝河、白石天河 4 条河流占流域径流量 90％以上，杭埠河—丰乐河是注入巢湖水量最大的河流，其次为南淝河、白石天河，分别占总径流量的 65.1％、10.9％和 9.4％。裕溪河是巢湖入长江的唯一河道。

16.1.1　巢湖流域水生生物状况

2011—2015 年对董铺水库 2 个点位、巢湖西半湖 6 个点位进行藻类的定性定量调查和底栖生物调查，并在水华发生期对其进行加密监测。对南淝河 5 个点位进行底栖生物调查。调查结果显示：浮游植物共镜检出属种数为 82 个，隶属蓝藻门、绿藻门、隐藻门、硅藻门、裸藻门、甲藻门和金藻门 7 个门类，数量集中在蓝藻、绿藻和硅藻。底栖动物检出 28 种，分属水生昆虫、软体动物、水栖寡毛类等。

巢湖是以蓝藻为主的藻群结构型，种类数少，种群稳定差，优势种恒定，为典型的蓝藻水华藻种。董铺水库目前藻群结构较为合理，长年以绿、硅藻为主，尚无形成特定的优势种群，种群稳定性高。董铺水库的种群处于相对稳定状态，巢湖西半湖区种群稳定性有下降趋势。与"十一五"末藻类的种群结构及其稳定性相比无显著性的变动。巢湖湖区构成水华的藻类为微囊藻和鱼腥藻，每年走势一致，每年首次出现水华在 5 月下旬至 6 月初。

（1）湖库浮游藻类状况

① 湖库藻类的种群结构

巢湖西半湖是以蓝藻为主的藻群结构型，种类数少，优势种恒定，为典型的蓝藻水华藻种。董铺水库藻群结构较为合理，长年以绿、硅藻为主，尚无形成特定的优势种群。此外，金藻类较多指示水质较好。巢湖西半湖和董铺水库藻类种群处于相对稳定状态。

② 水华构群种

2011—2015 年蓝藻水华监测期间，进行了水华构群种走势观测。观测结果表明：5 年水华构群种的走势趋势基本一致，开始由鱼腥藻占优发展到微囊藻占优，此时蓝藻水华正式形成，一直维持到 9 月中旬。2011—2015 年，微囊藻基本从 5 月份开始启动增殖，6 月份成为绝对优势种。

巢湖西半湖藻类优势种主要优势种群为微囊藻和鱼腥藻，如下图所示：

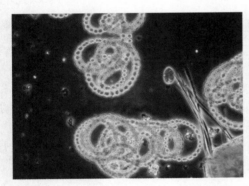 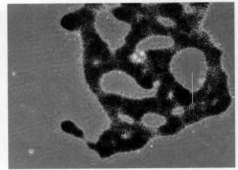

微囊藻（10×20 倍）　　　　　　　　鱼腥藻（10×40 倍）

图 16-1　巢湖西半湖藻类优势种

③ 浮游群落均匀性指数

董铺水库藻类均匀性指数高于巢湖西半湖，藻类种群的稳定性高，突发水华的风险较小。巢湖西半湖在丰水期藻类的均匀性指数维持在低水平，藻类的种群稳定性很差，出现水华的概率很高。各年度丰水期的数值低于其他两个水期，表明在丰水期的水生生态系统稳定性较差，在枯水期和平水期水生生态系统处于较稳定的状态。

（2）底栖生物状况

① 南淝河底栖动物群落结构

南淝河底栖动物结构不完整，群落结构稳定性很差。优势种为霍甫水丝蚓，指示重污染水体，底质生境受到严重的破坏。

从近年变化趋势来看：2010—2015 年间南淝河无底栖动物的河段长度在缩短，均匀性指数在升高的趋势，表明底栖生境正在自身修复，向好的方向发展。

② 湖库底栖生物群结构

从种类组成来看：董铺水库是以软体动物为主的底栖动物群落，巢湖西半湖以水生寡毛类为主。两者存在较大的差别，指示种指示的分别是清洁和重污染水体。

从变化趋势来看：董铺水库的底栖动物生长稳定；巢湖湖区底栖动物种群的稳定会受到水位、水温等水文因子较强的影响，但底质生境相对稳定。

从均匀性指数值来看：董铺水库的生境远好于巢湖西半湖。

16.1.2　巢湖蓝藻水华监测

水华是一种由水体富营养化引起藻类大量繁殖的自然生态现象。近年来，受气候变暖和人类活动影响，巢湖水体富营养化进程加快，水华现象频发。2007 年以前，巢湖蓝藻监测主要是根据气象卫星观测和湖区巡查结果，在观测到巢湖蓝藻发生时进行水质跟踪监测。自 2007 年起，为密切监控巢湖蓝藻水华情况，安徽省环保部门布置了巢湖蓝藻应急监测工作。2009 年，环境保护部启动巢湖水华预警和应急监测工作，组织中国环境监测总站、环境保护部卫星环境应用中心和安徽省环保部门采用手工常规监测和卫星遥感监测等手段，密切跟踪监测巢湖水华情况的发展，及时进行预测和预警。

2008—2015 年，安徽省环保部门依据手工监测、湖区巡查和卫星遥感天地一体化的立体方式开展预警监测。具体应急监测工作安排如下：

表 16 - 1　2008—2015 年巢湖蓝藻应急监测工作安排

年份	监测时间	监测频次	监测单位
2008 年	4 月 20 日—10 月 27 日	1 次/2 日	合肥、巢湖两市环境监测站
2009 年	5 月 11 日—9 月 28 日	1 次/周	合肥、巢湖两市环境监测站
2010 年	4 月 1 日—10 月 9 日	1 次/2 日	合肥、巢湖两市环境监测站
2011 年	4 月 1 日—5 月 31 日	1 次/周	合肥、巢湖两市环境监测站
	6 月 1 日—9 月 15 日	1 次/2 日	
2012 年	4 月 1 日—5 月 31 日	1 次/周	合肥市环境监测站和巢湖管理局环境保护监测站
	6 月 1 日—9 月 30 日	1 次/2 日	
	10 月 1 日—11 月 5 日	2 次/周	
2013 年	4 月 1 日—5 月 31 日	1 次/周	合肥市环境监测站和巢湖管理局环境保护监测站
	6 月 1 日—9 月 30 日	1 次/2 日	
	10 月 1 日—11 月 1 日	2 次/周	
2014 年	4 月 1 日—5 月 31 日	1 次/周	合肥市环境监测站和巢湖管理局环境保护监测站
	6 月 1 日—9 月 30 日	1 次/2 日	
	10 月 1 日—10 月 22 日	2 次/周	
2015 年	4 月 1 日—6 月 30 日	1 次/周	巢湖管理局环境保护监测站
	7 月 1 日—9 月 30 日	2 次/周	
	10 月 1 日—10 月 31 日	1 次/周	

注：2012 年，安徽省巢湖市撤销地级市，巢湖管理局环境保护监测站开始承担巢湖水体监测任务。

环境保护部卫星环境应用中心每日推送解译后的巢湖卫星遥感图片，合肥、巢湖两市站将监测结果于次日上午报送省站，省站及时分析巢湖水质情况，结合卫星遥感解译结果和现场巡测情况，编制《巢湖蓝藻应急防控监测报告》，2008—2015 年分别编制蓝藻应急监测报告 65 期、24 期、76 期、61 期、74 期、58 期、52 期和 32 期。

16.1.3 巢湖蓝藻水华发生情况

依据 2011 年总站制定的《水华状况判断暂行方法》，水华的特征指标包括水华程度和水华规模，评价采用定量方法，分别根据藻类密度和水华面积比例进行判断，分级标准见表 16 - 2 和表 16 - 3。

表 16 - 2　水华程度分级标准（暂行）

藻类密度（个/L）	水华程度
$< 2.0 \times 10^6$	无明显水华
$\geq 2.0 \times 10^6$	轻微水华
$\geq 1.0 \times 10^7$	轻度水华
$\geq 5.0 \times 10^7$	中度水华
$\geq 1.0 \times 10^8$	重度水华

表 16 - 3　水华规模分级标准（暂行）

遥感监测水华面积比例（%）	水华规模
0	未见明显水华
>0	零星性水华
≥10	局部性水华
≥30	区域性水华
≥60	全面性水华

2011—2015 年巢湖蓝藻应急监测期间，巢湖水域卫星遥感解译结果显示：湖区共监测到 242 次蓝藻水华，水华规模以"零星性水华～区域性水华"，以"零星性水华"为主，占比 86.8%，"局部性水华"占比 11.2%，"区域性水华"占比 2.1%。其中，2011—2015 年均出现了"局部性水华"，主要出现在 7—9 月份的西半湖；2015 年 7 月 1 日首次监测到"区域性水华"，水华面积约为 236 平方千米，占巢湖水域面积比例为 31%。

水质手工监测结果显示：湖区常规监测 259 次，水华程度范围为"无明显水华～中度水华"，以"轻微水华"为主，占比 78.0%，"无明显水华"占比 14.3%，"轻度水华"占比 7.3%，"中度水华"占比 0.4%。其中，2011—2014 年未出现"中度水华"，"轻度水华"主要集中在 7—8 月；2015 年 8 月出现 1 次"中度水华"，"轻度水华"也主要集中在 7—8 月。

16.1.3.1 巢湖蓝藻发生区域

统计分析了巢湖蓝藻应急监测期间的卫星遥感监测影像图,分别将 2008—2015 年单次 MODIS 巢湖蓝藻分布图进行叠加,以获得年度巢湖蓝藻发生区域图。

2008—2015 年巢湖蓝藻发生情况见图 16 - 2,其中图中红色区域内即为蓝藻暴发区域。2008—2011 年,巢湖蓝藻暴发区域主要集中在西半湖;2012—2014 年,巢湖蓝藻暴发的频次和规模显著高于往年,暴发区域仍然主要集中在西半湖,并逐渐扩展至东、西半湖交界区,向东半湖延伸;2015 年,巢湖水域基本全部暴发过蓝藻水华,东半湖暴发蓝藻水华的频次和规模显著高于往年。蓝藻水华暴发水域由往年以西半湖为主扩大至全湖,水华规模总体有所加重,水华频次总体呈增长趋势。

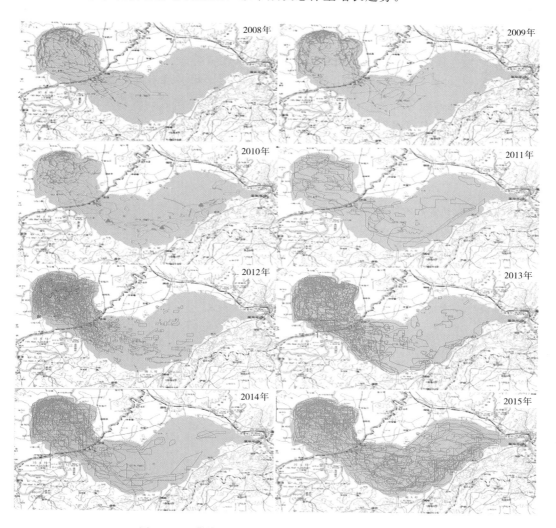

图 16 - 2 巢湖蓝藻发生区域(红色区域)年际变化

16.1.3.2 水华趋势分析

2015 年巢湖水华规模首次出现区域性水华,水华程度首次出现中度水华,蓝藻水华暴发水域由往年以西半湖为主扩大至全湖。与2008—2014年巢湖蓝藻应急监测期间相比，2015年巢湖水华程度有所加重。

（1）水华规模

由于2008—2011年，蓝藻水华监测频次不一致，且所掌握的卫片仅为监测当日的卫片，因此，水华规模主要分析2012—2015年遥感监测情况。

① 水华频次和面积变化

除2013年，水华频次总体较低外，其余年份基本稳定。但单次最大水华面积呈上升趋势。其中，2015年"零星性水华"次数比2014年同期减少11次，"局部性水华"次数增加1次，且首次出现"区域性水华"，最大水华面积较上年增加62.6%，为历年最大值。

② 水华发生区域变化

从水华发生区域来看，东半湖发生水华的区域逐步扩大。2008年，水华基本上发生在西半湖；2009—2014年，东半湖出现水华，并且水华区域有从东半湖西北部向中部及东南部蔓延的趋势；2015年东半湖出现水华的区域和频次明显增加，东、西半湖暴发蓝藻水华的频次和规模差距在缩小。

（2）水华程度

由于2008年和2009年藻密度数据较少，因此主要分析2010—2015年藻密度变化情况。

2010—2014年，全湖藻类密度总体稳定，2013年相对较低，水华程度均为"轻微水华"；2015年全湖藻类密度较往年增长较大，水华程度为"轻度水华"。

表 16-4　2008—2015年巢湖蓝藻水华规模情况表

年度	发生情况				主要发生区域
	30%≤水华面积比例<60%的频次（%）	10%≤水华面积比例<30%的频次（%）	水华面积比例<10%的频次（%）	最大水华发生面积（平方千米）	
2008 年	0.0	8.0	92.0	180	西半湖西北部
2009 年	0.0	21.1	78.9	140	西半湖西北部及东部、东半湖西北部
2010 年	0.0	9.7	90.3	120	西半湖西北部及中部、东半湖中部及东南部
2011 年	0.0	15.0	85.0	109	西半湖西北部及中部、东半湖中部及北部
2012 年	0.0	16.9	83.1	185	西半湖西北部及东半湖中部和南部
2013 年	0.0	7.9	92.1	168	西半湖西北部、东部、中部和南部及东部西部和南部

（续表）

年度	发生情况				主要发生区域
	30%≤水华面积比例<60%的频次（%）	10%≤水华面积比例<30%的频次（%）	水华面积比例<10%的频次（%）	最大水华发生面积（平方千米）	
2014年	0.0	8.3	91.7	198	西半湖西北部、中部和南部及东半湖忠庙和兆河入湖区测点附近
2015年	9.1	10.9	80.0	322	西半湖西北部、中部和南部及东半湖中部和南部

表16-5 2008—2015年巢湖蓝藻水华程度情况表

年度	发生情况				
	藻类密度<200万个/升的频次（%）	200万个/升≤藻类密度<1000万个/升的频次（%）	1000万个/升≤藻类密度<5000万个/升的频次（%）	5000万个/升≤藻类密度<1亿个/升的频次（%）	藻类密度≥1亿个/升的频次（%）
2008年	—	—	—	—	—
2009年	100.0	0.0	0.0	0.0	0.0
2010年	32.9	63.2	2.6	1.3	0.0
2011年	6.6	91.8	1.6	0.0	0.0
2012年	7.5	85.1	7.5	0.0	0.0
2013年	25.5	69.1	5.5	0.0	0.0
2014年	14.6	77.1	8.3	0.0	0.0
2015年	25.0	50.0	21.4	3.6	0.0

16.1.4 蓝藻水华期间水质状况分析

（1）水质及富营养化分析

2008—2015年，巢湖蓝藻应急监测期间，全湖总体水质类别范围为Ⅲ～劣Ⅴ类，以Ⅴ类为主，但2015年Ⅴ类占比明显低于其余年份；东半湖水质为Ⅲ～劣Ⅴ类，以Ⅳ类为主，但Ⅴ类比例年度变化较大，总体呈先上升后下降趋势。西半湖水质为Ⅳ～劣Ⅴ类，其中，2008年和2013年以劣Ⅴ类为主，其余年份以Ⅴ类为主，各水质类别占比年度变化较大，无明显变化趋势。

2008—2015年，巢湖蓝藻应急监测期间，东、西半湖营养状态指数年度总体呈下降趋势，其中，西半湖富营养状态由中度富营养好转为轻度富营养，富营养化状况有所改善。

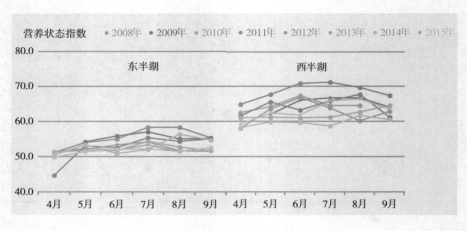

图 16-3　巢湖东西半湖营养状态指数年度变化

（2）氮磷比分析

东半湖：2008—2015 年巢湖蓝藻应急监测期间，氮磷比年度同比变化不明显，年氮磷比基本稳定在 10.0～20.0；各年度月氮磷比变化趋势基本一致，总体呈下降趋势。其中，2015 年 4—7 月氮磷比明显高于其余年份，9 月氮磷比又为历年同期最低值。

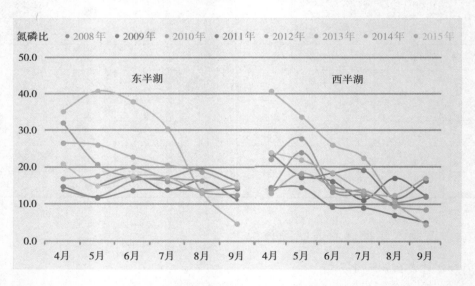

图 16-4　巢湖东西半湖氮磷比年度变化

西半湖：2008—2015 年巢湖蓝藻应急监测期间，氮磷比年度同比变化不明显，年氮磷比也基本稳定在 10.0～20.0；除 2015 年外，其余各年度月氮磷比变化趋势基本一致，总体呈先上升后下降趋势。2015 年总体呈下降趋势，其中，4—7 月氮磷比明显高于其余年份，9 月氮磷比又为历年同期最低值。

总的来看，2008—2015 年，巢湖蓝藻监测期间（4—9 月）月氮磷比变化趋势基本一致，前期（4—7 月）较高的氮磷比为蓝藻生长提供了适宜的条件。

安徽省重点时段 PM$_{10}$浓度控制分析

　　2015 年，全省 PM$_{10}$年均浓度为 80 微克/立方米，比 2014 年下降 15.8%，比 2013 年下降 19.2%，恢复到"十一五"初期污染水平。从近 10 年 PM$_{10}$年均浓度变化来看，在 2012 年之前，全省 PM$_{10}$年均浓度在 80 微克/立方米上下小幅波动，2013 年达到峰值，之后明显下降。

　　从最近 10 年 PM$_{10}$年均浓度变化来看，在全省 GDP 增长 258.5%的情况下，全省 PM$_{10}$年均浓度变化呈现小幅波动—快速上升—阶段性拐点—逐步下降的规律。在 2012 年之前，全省 PM$_{10}$年均浓度在 80 微克/立方米上下小幅波动，2013 年达到峰值，之后出现明显下降，这种变化符合环境库兹涅茨曲线理论。我省 PM$_{10}$年均浓度 2013 年出现峰值时的人均 GDP 为 5116 美元，2014 年出现阶段性拐点时的人均 GDP 为 5604 美元。

图 17-1　2006—2015 年 PM$_{10}$年均浓度与国内生产总值对比

　　备注：环境库兹涅茨曲线理论解释：经济增长通过规模效应、技术效应与结构效应三种途径影响环境质量，规模效应恶化环境，而技术效应和结构效应改善环境。在经济起飞阶段，资源使用超过资源再生，有害废物大量产生，规模效应超过了技术效应和结构效应，环境恶化；当经济发展到新阶段，技术效应和结构效应胜出，环境恶化减缓，关键是拐点出现时间。

17.1 特殊时段和区域性重污染过程对 PM₁₀ 浓度贡献显著

通过对近年来 PM₁₀ 浓度时间分布分析来看，在一些特殊时段和区域性重污染对 PM₁₀ 浓度贡献显著。计算结果显示：2015 年，春节烟花爆竹燃放对 16 个市的净贡献值范围为 0 ~ 0.59 微克/立方米，对全省 PM₁₀ 年均浓度的净贡献值为 0.25 微克/立方米。2014 年，夏季秸秆燃烧对 16 个市的净贡献值范围为 0 ~ 8.39 微克/立方米，对全省 PM₁₀ 年均浓度的净贡献值为 5.01 微克/立方米。2015 年，夏季秸秆燃烧对 16 个市的净贡献值范围为 0.18 ~ 3.71 微克/立方米，对全省 PM₁₀ 年均浓度的净贡献值为 1.92 微克/立方米。2015 年，重污染过程对 16 个市的净贡献值范围为 0.57 ~ 9.09 微克/立方米，对全省 PM₁₀ 年均浓度的净贡献值为 4.19 微克/立方米。因此，如果对重点时段环境空气污染状况有效控制将大幅降低全省 PM₁₀ 浓度。

17.2 全省 PM₁₀ 浓度控制对策

17.2.1 关键时段精准控制，实现"污染物快速消峰"

从全省秋冬季重污染过程发生特点来看，在出现西北、东北和北部气流时，"区域性污染输送"成为我省出现重污染过程的直接诱因，提高区域预报的准确性和重污染过程提前预警的可靠性，对重污染过程关键时段实施精准控制，实现"污染物快速消峰"，控制"污染物区域内积累滞留"缩短高 PM₁₀ 浓度影响时长和控制污染影响区域。通过深入宣传环保意识，加强监管力度可大幅度降低烟花爆竹燃放和秸秆燃烧。

17.2.2 降低 PM₁₀ 日均浓度高值，提高日均值达标比例

统计结果显示：PM₁₀ 日均浓度高于 100 微克/立方米的天数对 PM₁₀ 年均浓度贡献很大。特别是在 PM₁₀ 日均浓度达到 110 左右时，一般 PM₂.₅ 日均浓度均超标，AQI 指数都在 100 以上（空气质量为轻度污染）。为了提高 PM₁₀ 日均浓度和 PM₂.₅ 日均浓度达标比例，应有效降低 PM₁₀ 日均浓度高值。以下按照 PM₁₀ 日均浓度在 101 ~ 150 和 151 ~ 250 微克/立方米的天数减少 10%、减去大于 250 微克/立方米的天数来计算对各市 PM₁₀ 年均浓度的净贡献值。计算结果表明，按照以上方式控制，各市 PM₁₀ 年均浓度将净下降 0.36 ~ 2.67 微克/立方米，全省 PM₁₀ 年均浓度净下降 1.42 微克/立方米。

18 各地级城市绿色发展竞争力评价

发展绿色经济已经成为世界的重要趋势，世界上的主要经济体纷纷采取措施推动绿色经济发展，包括制定绿色增长战略、建立绿色社会、开展绿色行动计划等，意图通过发展绿色经济来摆脱金融和经济危机，实现绿色增长。同时在新一轮经济发展进程中促进经济转型，占领国家经济竞争力在全球的制高点和领先地位，实现自身可持续发展。

如何通过环境优化经济增长，促进经济又好又快发展，推动经济转型和可持续发展，实现资源节约型社会和环境友好型社会等国家重大战略目标，是当前中国环境与发展事业需要考虑的重大问题。

发展绿色经济需要良好的环境质量作为保证，城市环境质量反映了城市核心竞争力的一部分，区域竞争的焦点更多地集中在综合环境的竞争上，这里的"环境"既包括政务环境、市场环境、法制环境、人文环境等"软环境"，也包括绿化覆盖率、空气质量、居住条件、环境基础设施水平等"硬环境"。"软环境"和"硬环境"，对于一个城市的可持续发展来说举足轻重，尤其是"硬环境"，往往是人们最为直观的选择依据。

本章从城市空气环境质量、酸雨发生频率、地表水环境质量、声环境质量、集中式饮用水水源地水质和生态环境质量等"硬环境"着手，结合衡量城市经济发展程度的一个数量指标——GDP，用单位GDP的环境代价来表征安徽省地级城市绿色发展竞争力水平，为全省尽快转变经济增长方式，发展以内涵为主的集约型绿色经济，实现可持续发展，建设资源节约型、环境友好型社会提供技术支持。本部分计算结果仅供参考。

18.1 指标体系选择

构建城市绿色发展竞争力评价指标体系既要有综合性又要有针对性，指标体系要求覆盖面广，能全面综合地反映城市绿色发展竞争力的主要发展特征和发展状况，设置的指标应具有可比性和参数的可测性。

根据对城市绿色发展竞争力的理解，将评价指标体系分成一级指标、二级指标和三级指标三个层次，一级指标由环境质量指数和经济发展水平组成，二级指标由空气环境质量分指数、地表水环境质量分指数、饮用水源地环境质量分指数、声环境质量分指数、生态环境质量分指数和 GDP 等 6 个指标构成，三级指标由空气质量达标率、无酸雨频率、地表水环境质量指数、集中式饮用水水源地水质达标率、区域噪声质量优良率、交通噪声质量优良率、生物丰度指数、植被覆盖指数、水网密度指数、土地胁迫指数、污染负荷指数和 GDP 等 12 个指标组成，具体的评价指标体系见表 18-1。

表 18-1　城市绿色发展竞争力评价指标体系

一级指标	二级指标	三级指标
环境质量指数	空气环境质量分指数	空气质量达标率
		无酸雨频率
	地表水环境质量分指数	地表水环境质量指数
	饮用水源地环境质量分指数	集中式饮用水源地水质达标率
	声环境质量分指数	区域噪声质量优良率
		交通噪声质量优良率
	生态环境质量分指数	生物丰度指数
		植被覆盖指数
		水网密度指数
		土地胁迫指数
		污染负荷指数
经济发展水平	GDP	GDP

18.2　数据来源与计算方法

空气环境质量、酸雨发生频率、地表水环境质量、声环境质量和集中式饮用水水源地水质数据来源于安徽省 2015 年环境质量监测数据，生态环境质量数据来源于 Landsat TM 遥感数据解译结果，GDP 数据来源于安徽省统计数据。

（1）环境质量指数

环境质量指数等于空气环境质量分指数（为空气质量达标率和无酸雨频率算术均值）、地表水环境质量分指数、集中式饮用水源地水质达标率、声环境质量分指数（为区域和交通噪声质量优良率算术均值）和生态环境质量分指数之和。

① 空气环境质量分指数：为空气质量达标率和无酸雨频率的均值

$$城市空气质量优良率 = \frac{(AQI \leqslant 100) \ 的天数}{全年天数} \times 100\%$$

$$无酸雨频率 = 1 - （酸雨的样本数/降水总样本数）\times 100\%$$

② 地表水环境质量分指数

地表水环境质量分指数＝Y_1+Y_2

地表水国控、省控断面好于、等于Ⅲ类水质的比例 $X_1 \geqslant 90\%$，$Y_1=0.5$；$90\% > X_1 > 50\%$，$Y_1=1.25 \times (X_1-0.5)$；$X_1 \leqslant 50\%$ 时，$Y_1=0$。

地表水国控、省控断面劣Ⅴ类水质的比例 $X_2 \geqslant 30\%$，$Y_2=0$；$30\% > X_1 > 10\%$，$Y_2=2.5 \times (0.3-X_2)$；$X_2 \leqslant 10\%$ 时，$Y_2=0.5$。

③ 饮用水源质量分指数：用集中式饮用水水源地水质达标率表示

集中式饮用水源地水质达标率

$$D = \frac{\sum_{k=1}^{m} Q_k}{\sum_{k=1}^{m} q_k} \times 100\% \quad Q_k = \sum_{i=1}^{n} Q_i \quad q_k = \sum_{i=1}^{n} q_i \qquad (18-1)$$

式中：D—— 统计时段评价区内的饮用水水源地取水水质达标率，%；

$\quad Q_k$——k 次监测评价区内达到三类水水源地的取水量，m^3；

$\quad q_k$——k 次监测评价区内各饮用水水源地的总取水量，m^3；

$\quad k$—— 统计时段内的监测次数，$k=1, 2, \cdots, m$；

$\quad i$—— 评价区域内饮用水水源地数（包括地表水源、地下水源），$i=1, 2, \cdots, n$；

$\quad Q_i$——k 次监测 i 水源地达到三类水水源地的取水量，m^3；

$\quad q_i$——k 次监测 i 水源地总取水量，m^3。

④ 声环境质量分指数：为区域噪声质量优良率和交通噪声质量优良率的均值

区域噪声质量优良率＝区域噪声质量好和较好的网格数/监测总网格数

交通噪声质量优良率＝交通噪声质量好和较好的路段长/监测总路段长

⑤ 生态环境质量分指数

生态环境质量分指数＝0.35×生物丰度指数＋0.25×植被覆盖指数＋0.15×水网密度指数＋0.15×（100－土地胁迫指数）＋0.10×（100－污染负荷指数）＋环境限制指数

生物丰度指数＝A_{bio}×（0.35×林地＋0.21×草地＋0.28×水域湿地＋0.11×耕地＋0.04×建设用地＋0.01×未利用地）/区域面积

式中：A_{bio}，生物丰度指数的归一化系数。

$$植被覆盖指数 = A_{veg} \times \frac{\sum_{i=1}^{n} P_i}{n}$$

式中：P_i——5—9月象元 NDVI 月最大值的均值；

$\quad n$—— 区域象元数；

$\quad A_{veg}$—— 植被覆盖指数的归一化系数。

水网密度指数＝A_{riv}×河流长度/区域面积＋A_{lak}×湖库（近海）面积/区域面积＋A_{res}×水资源量/区域面积

式中：A_{riv}——河流长度的归一化系数；

　　　A_{lak}——湖库面积的归一化系数；

　　　A_{res}——水资源量的归一化系数。

$$土地胁迫指数 = A_{ero} \times （0.4 \times 重度侵蚀面积 + 0.2 \times 中度侵蚀面积$$
$$+ 0.2 \times 建设用地面积 + 0.2 \times 其他土地胁迫）/区域面积$$

式中：A_{ero}——土地胁迫指数的归一化系数。

$$污染负荷指数 = 0.20 \times A_{COD} \times COD 排放量/区域年降水总量 + 0.20 \times A_{NH_3} \times$$
$$氨氮排放量/区域年降水总量 + 0.20 \times A_{SO_2} \times SO_2 排放量/$$
$$区域面积 + 0.10 \times A_{YFC} \times 烟（粉）尘排放量/区域面积 +$$
$$0.20 \times A_{NOx} \times 氮氧化物排放量/区域面积 + 0.10 \times A_{SOL} \times$$
$$固体废物丢弃量/区域面积$$

式中：A_{COD}——COD 的归一化系数；

　　　A_{NH_3}——氨氮的归一化系数；

　　　A_{SO_2}——SO₂ 的归一化系数；

　　　A_{YFC}——烟（粉）尘的归一化系数；

　　　A_{NOx}——氮氧化物的归一化系数；

　　　A_{SOL}——固体废物的归一化系数。

2. 经济发展水平

用 GDP 来表示。

3. 城市绿色发展竞争力概念

城市绿色发展竞争力用单位 GDP 的环境代价来表征。

$$单位 GDP 环境代价 = （环境质量指数总分 - 城市环境质量指数得分）/GDP$$

18.3　计算结果与解读

安徽省城市绿色发展竞争力评价指标计算结果见表 18-2，城市绿色发展竞争力计算结果见表 18-3。根据绿色发展竞争力计算结果，将 16 个地级城市划分成绿色发展竞争力强、绿色发展竞争力较强和绿色发展竞争力一般三个等级。

分析结果表明：

（1）城市绿色发展竞争力呈现出一定的地域分布特征：江淮地区的城市绿色发展竞争力总体较强，安徽北部城市和皖南山区绿色发展竞争力整体较弱。从计算结果来看，绿色发展竞争力强的城市有合肥市、芜湖市和六安市；绿色发展竞争力弱的城市有淮北市、亳州市、黄山市和宿州市。

（2）皖江城市带中的城市绿色发展竞争力整体较强，池州市由于经济发展相对滞后致使综合排名靠后。

（3）城市环境质量指数也呈现出一定的地域分布特征：江淮地区和皖南山区城市环境质量指数总体偏高，皖北地区城市环境质量指数总体偏低，这主要是由于安徽北部地区城市地表水环境质量和生态环境较差所致。

表 18-2 2015 年城市绿色发展竞争力评价指标计算结果

城市	空气质量达标率%	非酸雨频率%	地表水环境质量指数	饮用水源水质达标率%	区域声环境好与较好的比例%	交通噪声声环境质量好与较好的比例%	生物丰度指数	植被覆盖指数	水网密度指数	土地胁迫指数	污染负荷指数
合肥	68.0	94.5	0.23	100.0	48.0	85.1	34.04	77.30	57.59	7.69	4.89
淮北	67.1	100.0	0.13	100.0	80.4	87.6	20.58	78.94	42.90	10.30	6.16
亳州	74.3	100.0	0.00	2.0	76.4	93.4	19.40	83.18	44.70	9.66	1.37
宿州	72.0	100.0	0.50	100.0	57.3	92.7	20.79	81.90	36.89	9.01	2.11
蚌埠	70.2	100.0	1.00	100.0	29.0	51.0	24.35	81.18	56.65	8.21	1.75
阜阳	78.8	100.0	0.50	100.0	52.2	100.0	20.08	84.91	43.73	10.71	1.71
淮南	79.5	100.0	0.99	100.0	71.3	94.0	27.58	80.57	60.36	10.17	8.22
滁州	72.1	97.1	0.50	100.0	52.2	91.5	35.90	84.27	49.46	6.98	1.81
六安	80.2	100.0	1.00	100.0	84.4	89.5	57.21	89.64	48.49	6.18	1.05
马鞍山	75.1	98.6	0.86	100.0	56.2	71.0	40.98	76.34	67.66	6.61	12.31
芜湖	77.3	100.0	1.00	100.0	61.5	81.1	42.72	80.13	64.86	6.25	5.78
宣城	80.1	97.4	1.00	100.0	45.0	100.0	77.00	91.96	45.55	8.04	2.03
铜陵	77.8	95.7	1.00	100.0	56.9	84.9	48.69	77.56	68.53	11.56	15.94
池州	94.5	70.1	1.00	100.0	78.1	100.0	80.92	92.97	53.29	7.55	1.19
安庆	84.0	91.4	1.00	100.0	51.4	65.0	61.76	84.76	68.09	7.06	1.14
黄山	94.7	27.8	1.00	100.0	71.8	100.0	93.31	97.80	54.16	9.27	0.37

表 18-3 2015 年城市绿色发展竞争力计算结果

城市	空气环境质量分指数	地表水环境质量分指数	饮用水源质量分指数	声环境质量分指数	生态环境质量分指数	城市环境质量指数得分	城市发展的环境代价	2015年GDP（万亿元）	城市绿色发展竞争力	城市绿色发展竞争力等级
合肥市	0.81	0.23	1.00	0.666	0.632	3.343	1.657	0.5660	2.9	强
淮北市	0.84	0.13	1.00	0.840	0.562	3.363	1.637	0.0760	21.5	一般
亳州市	0.87	0.00	0.02	0.849	0.577	2.318	2.683	0.0943	28.5	一般
宿州市	0.86	0.50	1.00	0.750	0.567	3.677	1.323	0.1235	10.7	一般
蚌埠市	0.85	1.00	1.00	0.400	0.609	3.860	1.140	0.1253	9.1	较强
阜阳市	0.89	0.50	1.00	0.761	0.580	3.735	1.265	0.1267	10.0	较强

（续表）

城市	空气环境质量分指数	地表水环境质量分指数	饮用水源质量分指数	声环境质量分指数	生态环境质量分指数	城市环境质量指数得分	城市发展的环境代价	2015年GDP（万亿元）	城市绿色发展竞争力	城市绿色发展竞争力等级
淮南市	0.90	0.99	1.00	0.827	0.615	4.325	0.675	0.0901	7.5	较强
滁州市	0.85	0.50	1.00	0.719	0.648	3.713	1.287	0.1305	9.9	较强
六安市	0.90	1.00	1.00	0.870	0.734	4.504	0.496	0.1016	4.9	强
马鞍山市	0.87	0.86	1.00	0.636	0.664	4.025	0.975	0.1365	7.1	较强
芜湖市	0.89	1.00	1.00	0.713	0.682	4.282	0.719	0.2457	2.9	强
宣城市	0.89	1.00	1.00	0.725	0.806	4.418	0.582	0.0971	6.0	较强
铜陵市	0.87	1.00	1.00	0.709	0.684	4.260	0.740	0.0911	8.1	较强
池州市	0.82	1.00	1.00	0.891	0.833	4.547	0.453	0.0544	8.3	较强
安庆市	0.88	1.00	1.00	0.582	0.769	4.228	0.773	0.1417	5.5	较强
黄山市	0.61	1.00	1.00	0.859	0.888	4.360	0.640	0.0530	12.1	一般

第五部分 总 结

19

环境质量现状

19.1　城市环境空气质量

19.1.1　环境空气

按照《环境空气质量标准》（GB 3095—2012）评价，2015 年，16 个地级城市中池州和黄山市空气质量达到国家二级标准。全省平均空气质量达标天数比例为 77.9%，池州和黄山市达标天数比例在 90% 以上，合肥和淮北市达标天数比例不足 70%。细颗粒物为全省环境空气质量的首要污染物。空气质量季节变化明显，冬季污染较重。

按照《环境空气质量标准》（GB 3095—1996）评价，16 个地级城市空气质量均达到国家二级标准。全省平均空气质量达标天数比例为 93.3%。可吸入颗粒物为全省环境空气质量的首要污染物。

19.1.2　酸雨

2015 年，全省降水 pH 均值为 5.90，平均酸雨频率 8.1%。马鞍山、宣城、滁州、铜陵、合肥、安庆、池州和黄山市等 8 个城市出现了酸雨。酸雨主要分布在长江沿江和皖南地区，江南 6 个城市（池州、铜陵、宣城、黄山、芜湖、马鞍山）除芜湖外，其他城市均出现了酸雨，其中黄山市酸雨频率高达 72.2%。池州和黄山市降水年均 pH 值低于 5.6，均为轻酸雨城市。秋冬季是酸雨污染较重的季节。

19.2　水环境

19.2.1　地表水环境

2015 年全省地表水总体水质状况为轻度污染，68.3% 的断面（点位）水质状况优良，8.9% 的断面（点位）水质状况为重度污染。全省地表水主要污染指标为化学需氧量、总磷和五日生化需氧量。淮河流域总体水质为轻度污染，巢湖流域总体水质为中度污染，长江流域总体水质为良好，新安江流域总体水质为优。

（1）省辖淮河流域

总体水质状况为轻度污染，43.7％的断面水质状况优良，18.4％的断面水质状况为重度污染。主要污染指标为化学需氧量、高锰酸盐指数和五日生化需氧量。

淮河干流安徽段总体水质状况为优，淮河支流为中度污染，44条支流中14条支流水质状况优良，13条支流重度污染（其中11条为入境河流）。

（2）省辖长江流域

总体水质状况为良好，84.3％的断面水质状况优良，无重度污染的断面。主要污染指标为五日生化需氧量、氨氮和化学需氧量。

长江干流安徽段总体水质状况为优，长江支流为良好，38条支流中30条支流水质状况优良，无重度污染支流。

（3）省辖新安江流域

总体水质状况为优，8个断面中除练江浦口断面水质为Ⅲ类外，其余7个断面水质均为Ⅱ类。

（4）巢湖流域

巢湖湖区总体水质状况为轻度污染、呈轻度富营养状态。其中东半湖为轻度污染、呈轻度富营养状态；西半湖为中度污染、呈轻度富营养状态。主要污染指标为总磷。

环湖河流总体水质状况为中度污染，68.4％的断面水质状况优良，31.6％的断面为重度污染。主要污染指标为总磷、氨氮和化学需氧量。11条环湖河流中6条河流水质状况优良，5条重度污染。

（5）其他湖泊、水库

总体水质为优，水库水质好于湖泊水质，主要污染指标为总磷。

27座湖库中，24座水质状况优良，高塘湖、龙感湖和黄湖3座湖泊水质状况为轻度污染。

除高塘湖、南漪湖和龙感湖水体呈轻度富营养化外，其余24座湖库水体呈贫营养或中营养状态。

19.2.2 集中式饮用水水源地

2015年全省城市集中式饮用水水源地水质达标率为96.9％，地表饮用水水源地水质达标率好于地下饮用水水源地水质达标率。45个水源地中40个水源地全年均达标。16个地级城市集中式饮用水水源地水质达标率为97.8％。地表水源地主要污染指标为总磷，地下水源地主要污染指标为氟化物。

县级行政单位所在城镇集中式饮用水水源地水质达标率为92.3％。65个水源地中50个水源地全年均达标。地表水源地主要污染指标为总磷、溶解氧、五日生化需氧量和高锰酸盐指数，地下水源地主要污染指标为氟化物。

19.2.3　地下水

2015 年全省监测的 4 个城市 13 个地下水井位中，1 个水质优良，10 个水质良好，2 个水质较差。13 个县城地下水井位中，7 个水质良好，6 个水质较差。

19.3　声环境

2015 年全省城市区域昼间环境噪声状况质量等级为二级较好。16 个地级城市中，区域声环境一级好的城市有 1 个，二级较好的城市有 10 个，三级一般的有 5 个。共有 707.8 平方千米区域声环境质量在二级以上，未受到噪声污染（超过 70 分贝），占监测网格覆盖面积的 57.3%。

全省城市道路交通昼间声环境加权平均等效声级为 66.4 分贝，环境质量级别为一级好。16 个地级城市中，交通声环境状况一级好的有 13 个，二级较好的有 2 个，三级一般的有 1 个。共有 1573.1 千米监测路长未受到交通噪声污染（超过 70 分贝），占监测路段总长度的 83.5%。

全省各市功能区声环境平均等效声级达标率为 76.9%。其中昼间和夜间各监测 568 点次，昼间和夜间各达标 505 次和 368 次，达标率分别为 88.9% 和 64.8%。各功能区达标从高到低为：3 类功能区（工业区）、0 类功能区（康复疗养区）、2 类功能区（混合区）、1 类功能区（居民文教区）和 4 类功能区（交通干线两侧区域）。

19.4　生态环境

2014 年，全省省域范围整体生态环境状况指数为 69.61，等级为"良"，生态环境状况良好。

16 个地级城市中，生态环境状况等级为"优"的为黄山、池州、宣城和安庆等 4 个市，生态系统稳定；生态环境状况等级为"良"的为六安、铜陵、芜湖、马鞍山、滁州、合肥、淮南、蚌埠、阜阳、亳州、宿州和淮北等 12 个市，生态环境较为稳定。

19.5　土壤环境

"十二五"期间，全省共监测了 201 个地块的土壤环境质量，其中 154 个综合污染指数均小于或等于 0.7，污染级别属于清洁（安全）级别，占 76.62%；综合污染指数大于 0.7 小于等于 1.0 的地块共 33 个，污染级别属于尚清洁级别，占 16.42%；大于 1.0 小于等于 2.0 的地块共 10 个，污染级别属于轻度污染，占 4.98%；大于 2.0 小于等于 3.0 的地块共 2 个，污染级别属于中度污染，占 1.00%；大于等于 3.0 的地块共 2

个，污染级别属于重度污染，占 1.00％。

总体来看，"十二五"监测全省土壤总体较为安全，93.04％的调查地块属于清洁和尚清洁水平。

19.6　农村环境

2015 年，全省 19 个县的农村环境质量综合状况中，5 个为优，7 个为良，7 个为一般。其中，农村环境状况中，5 个为优，8 个为良，6 个为一般；农村生态状况中，7 个为优，4 个为良，8 个为一般。

19.7　辐射环境

2015 年，全省伽马辐射空气吸收剂量率（含宇宙射线贡献值）均值为 101.9 纳戈瑞/小时，范围为 82.1～121.8 纳戈瑞/小时，属正常本底水平。长江、淮河和巢湖流域水体中的总阿尔法放射性水平范围在 0.01～0.05 贝克/升，总贝塔放射性水平范围在 0.01～0.25 贝克/升，水体总放射性水平处于正常本底范围。各市土壤监测点放射性水平未见异常。合肥、宿州和芜湖三个自动站采集的大气气溶胶中放射性核素水平未见异常。

2015 年，在合肥市开展了城市电磁辐射（射频）环境质量监测，监测点位电磁辐射环境水平为 0.81～0.85 微瓦/平方厘米，电磁环境质量状况良好。

20 环境质量变化趋势

20.1　城市空气环境质量

20.1.1　环境空气

"十二五"期间，16个地级城市环境空气质量主要以二级和三级为主，未出现一级和劣三级城市，其中，二级城市比例呈先下降后上升趋势。与"十一五"末相比，2015年环境空气质量达国家二级标准的城市比例上升6.2个百分点。

全省二氧化硫年均浓度变化趋势不显著，呈现先升后降的趋势，与"十一五"末相比，2015年浓度下降18.5%。二氧化氮年均浓度呈显著上升趋势，与"十一五"末相比，2015年浓度上升19.2%。可吸入颗粒物年均浓度变化趋势不显著，2013年后呈逐年下降趋势，与"十一五"末相比，2015年浓度下降1.2%。空气质量优良天数比例变化趋势不显著，与"十一五"末相比，2015年比例下降2.9个百分点。

20.1.2　酸雨

"十二五"期间，全省酸雨频率显著下降，全省降水年均pH值显著上升，全省酸雨平均污染状况显著好转。

与"十一五"末相比，2015年全省平均酸雨频率下降13.4个百分点，降水年均pH值上升0.77，全省酸雨污染状况有所好转。

20.2　水环境

20.2.1　地表水环境

"十二五"期间，全省地表水总体水质状况有所好转。Ⅰ～Ⅲ类水质断面（点位）的比例上升7.1个百分点；劣Ⅴ类断面（点位）的比例下降3.7个百分点。

与"十一五"末相比，安徽省地表水总体水质状况有所好转，Ⅰ～Ⅲ类水质断面（点位）比例上升 14.4 个百分点，劣Ⅴ类水质断面（点位）比例下降 5.6 个百分点。

(1) 省辖淮河流域

"十二五"期间，省辖淮河流域总体水质状况由中度污染好转为轻度污染，Ⅰ～Ⅲ类水质断面比例上升 9.5 个百分点，劣Ⅴ类断面比例下降 9.6 个百分点。

与"十一五"末相比，省辖淮河流域总体水质状况明显好转，Ⅰ～Ⅲ类水质断面比例上升 12.5 个百分点，劣Ⅴ类断面比例下降 11.5 个百分点。

(2) 省辖长江流域

"十二五"期间，省辖长江流域总体水质状况无明显变化，Ⅰ～Ⅲ类水质断面比例下降 1.4 个百分点；劣Ⅴ类断面比例下降 1.6 个百分点。

与"十一五"末相比，省辖长江流域总体水质状况有所好转，Ⅰ～Ⅲ类水质断面比例上升 8.4 个百分点，劣Ⅴ类断面比例下降 1.7 个百分点。

(3) 省辖新安江流域

"十二五"期间，省辖新安江流域总体水质状况保持优，所有断面水质均达到Ⅲ类。与"十一五"末相比，省辖新安江流域总体水质状况无明显变化。

(4) 巢湖流域

"十二五"期间，巢湖湖体总体水质一直为Ⅳ类，呈轻度污染；富营养化程度一直呈轻度富营养。与"十一五"末相比，湖体总体水质一直为Ⅳ类，富营养化程度无明显变化，均为轻度富营养。

巢湖环湖河流总体水质状况明显好转，Ⅰ～Ⅲ类水质断面比例上升 42.1 个百分点，劣Ⅴ类断面比例无明显变化。与"十一五"末相比，巢湖环湖河流总体水质状况明显好转，Ⅰ～Ⅲ类水质断面比例上升 22.0 个百分点，劣Ⅴ类断面比例下降 4.1 个百分点。

(5) 其他湖泊、水库

"十二五"期间，安徽省其他湖库总体水质状况由良好好转为优，Ⅰ～Ⅲ类水质测点比例上升 5.0 个百分点；无劣Ⅴ类测点。

与"十一五"末相比，可比的 10 座湖库中，5 座湖库水质有所好转，5 座湖库水质无明显变化。

20.2.2　集中式饮用水水源地

"十二五"期间，安徽省城市集中式饮用水水源地水质总体稳定，2015 年水质达标率 96.9%，比"十一五"末增加 2.8 个百分点。全省地表水源地水质呈显著上升趋势。

22 个城市中淮北、蚌埠、滁州、六安、马鞍山、芜湖、宣城、铜陵、池州、安庆、黄山、天长和宁国 13 个城市水源地水质达标率各年均为 100%；阜阳和明光市水质达标率呈显著上升。

合肥、宿州、淮南、巢湖和桐城水质达标率呈不显著上升，亳州和界首二市水质达标率呈不显著下降趋势。

20.2.3 地下水

"十二五"期间，全省城市地下水环境质量总体基本稳定。

20.3 声环境

"十二五"期间，全省城市声环境质量总体稳定。城市区域环境声环境等效声级均在二级较好范围内，与"十一五"末相比，全省区域环境声环境平均等效声级下降0.1分贝。

全省城市道路交通声环境等效声级均在一级好范围内，与"十一五"末相比，全省道路交通声环境由二级较好上升为一级好，城市道路交通声环境质量有所好转。

全省城市功能区噪声达标率在71.3%～76.9%之间，与"十一五"末相比，提高6.0个百分点。

声环境质量总体较"十一五"末有所好转。

20.4 生态环境

"十二五"期间，全省生态环境状况总体保持稳定，与2011年相比，EI值减少了0.57，属"无明显变化"。

2011—2014年，马鞍山、铜陵、宣城、滁州、合肥和芜湖等6市指数微有变小，生态环境状况变化等级为"略微变差"；其他各市变化幅度均小于1，为"无明显变化"，未出现"明显变化"和"显著变化"的市。

在市级生态环境状况等级变化上，16个市两年的级别均无变化。

20.5 土壤环境

"十二五"监测全省土壤总体较为安全，93.04%的调查地块属于清洁和尚清洁水平。与"十一五"土壤调查均值相比，可比的11个无机污染物中铬、矾、锰三种污染物有一定幅度下降，镉、汞、砷、铅、铜、锌、镍、钴8种污染物在土壤中的含量都有上升。

20.6 农村环境

"十二五"期间，全省29个县的73个村庄环境空气监测结果表明，达标天数比例为 95.4%；22 个县的 48 个村庄地表饮用水水源地达标率为 93.3%；13 个县的 25 个村庄地下饮用水水源地达标率为 23.4%；29 个县的县域地表水 Ⅰ～Ⅲ 类水质比例为 71.2%；26 个县的 67 个村庄土壤无污染比例为 89.7%。

20.7 辐射环境

十二五"期间，全省累积伽马辐射空气吸收剂量率（含宇宙射线贡献值）范围为 95.1～102.8 纳戈瑞/小时，均值为 99.7 纳戈瑞/小时，全省环境伽马辐射空气吸收剂量率保持在背景值水平。

长江、淮河和巢湖流域 18 个地表水中总阿尔法放射性不超过 0.18 贝克/升，总贝塔放射性水平不超过 0.82 贝克/升，地表水体总放射性处于正常本底范围。全省 16 个地级城市饮用水源地水中总阿尔法放射性水平测值小于 0.11 贝克/升，总贝塔放射性水平范围在 0.03～0.26 贝克/升，饮用水源地水中总放射性处于正常本底范围。全省 16 个土壤监测点的土壤中天然放射性核素和 ^{137}Cs 测值属于正常水平，未见异常。

"十二五"期间，在合肥市开展了城市电磁（射频）环境质量监测，城市环境电磁场强度范围在 0.37～0.82 微瓦/平方厘米，小于《电磁环境控制限值》（GB 8702—2014）规定的公众照射限值，属正常水平。

主要环境问题

21.1 细颗粒物（PM₂.₅）成为制约空气质量的首要因素

自 2013 年起，全省率先在合肥市开展环境空气中的 PM₂.₅ 监测，至 2015 年，全省 16 个地级城市均开展了 PM₂.₅ 监测，2015 年的监测结果表明，PM₂.₅ 已取代 PM₁₀ 成为影响全省空气质量的首要污染物。2015 年，全省以细颗粒物为首要污染物的超标天数累计达 1137 天，以可吸入颗粒物为首要污染物的超标天数累计仅 24 天。

2015 年全省 PM₂.₅ 浓度均值为 55 微克/立方米，超过国家二级标准 0.57 倍，在 PM₁₀ 中占比较高，为 69%。

PM₂.₅ 浓度高是灰霾天气的重要表征指标，随着社会经济发展和城镇化进程的加快，大气气溶胶污染日趋严重，灰霾天气呈现高发态势。

21.2 局部区域地表水环境质量仍然较差

"十二五"期间，省辖淮河支流总体水质为中度污染，2015 年，监测的 44 条支流中，仅 14 条支流水质状况为优良，30 条支流呈现不同程度的污染，其中有 13 条支流水质状况为重度污染。省辖淮河流域位于淮河流域的中下游，上游来水水质的好坏直接影响省内河流水质，从外省入境的部分支流水质仍常年较差，13 条重度污染的支流中，有 11 条支流为入境支流。

巢湖蓝藻水华呈频发态势，2015 年巢湖蓝藻水华发生区域由往年的以西半湖为主扩大至全湖，最大水华面积为历年最大，藻类密度也有较大增长。部分环湖河流水质污染严重，11 条河流中有 5 条为重度污染。随着城市发展和人口增加，排水量也随之增加，城镇污水处理厂处理后的污水均排入环湖河流，加之上游生态补水量较少，使得环湖河流水质一直较差。

21.3 农村环境质量不容乐观

"十二五"期间，通过对全省 28 个县 73 个村庄的农村环境质量的监测发现，淮河以北地区地下饮用水水源地水质和地表水水质污染严重；部分村庄农村土壤存在污染，从轻微污染至重度污染均有涉及；个别县域农村环境状况和环境质量综合状况变差，适居性下降。农村地区环保意识相对淡薄，传统的生活模式造成废水直排和垃圾无序乱排；随着工业化和城镇化的快速推进，工矿污染企业逐渐向农村转移；由于农村环境保护基础薄弱、生活污水和生活垃圾集中和无害化处理率低、监管力度不够和能力不足等客观事实，农村环境形势十分严峻。

22 改善环境质量的对策与建议

22.1 多管齐下，有效降低 $PM_{2.5}$ 浓度

全面落实《大气污染防治行动计划》，在电厂、锅炉等重点颗粒物排放源实施污染综合治理，在烟、粉尘达标排放的基础上进一步降低排放浓度。

深化面源污染治理，重点抓好建筑工地扬尘监管，全面推行建筑工地绿色施工，工地内裸土要做到密目网全覆盖，出口要设车辆冲洗装置。重点道路要加密安排洒水抑尘。

严格控制 $PM_{2.5}$ 重要前体物挥发性有机物和氮氧化物排放，推进挥发性有机物污染治理。在石化、有机化工、表面涂装、包装印刷等行业实施挥发性有机物综合整治。加紧制定全省工业企业挥发性有机物排放控制标准，进一步加严氮氧化物排放标准。

强化移动源污染防治，在缓解城市交通拥堵、提高公共交通出行比例和降低机动车使用强度等方面减少机动车对大气环境质量的影响。

22.2 精准施策，改善水环境质量

全面落实《水污染防治行动计划》，深化重点流域水污染防治。分流域针对不同污染物采取针对性措施，在淮河流域对化学需氧量、氨氮和总磷，在巢湖流域对总磷和总氮采取针对性措施，加大整治力度。

对重污染河流，按照"一河一策"的思路，逐一制定整治方案；建立市、县、乡（镇）三级"河长制"，强化协调调度，促进河道水质和水环境持续改善。

采取闸坝联合调度、生态补水等措施，合理安排下泄水量和泄流时段，防止因开闸放水导致的水污染事故发生。

22.3　因地制宜，改善农村环境质量

　　大力开展农村环境综合整治，组织开展农村污染调查，编制村镇环保规划。因地制宜积极推进农村生活污水综合治理，推进城镇垃圾污水处理设施和服务向农村延伸。

　　综合治理畜禽养殖污染，科学划定禁养区、限养区、宜养区。推行畜禽粪便及废弃物的资源化利用。

　　综合防治农业面源污染。推广病虫害综合防治技术和高效、低毒、低残留农药，强化农药使用技术的规范管理。调整农膜使用结构，降低非降解常规农膜使用的面积。大力实施农作物秸秆综合利用。开展污染土壤修复试点。

各环境要素监测点位布设情况

表 1　安徽省城市空气监测点位基本信息

序号	城市名称	点位名称	点位类型
1	合肥市	董铺水库	对照点
2		三里街子站	评价点
3		长江中路	评价点
4		琥珀山庄	评价点
5		明珠广场	评价点
6		庐阳区子站	评价点
7		瑶海区子站	评价点
8		包河区子站	评价点
9		滨湖新区子站	评价点
10		高新区子站	评价点
11	芜湖市	五七二零厂	对照点
12		监测站	评价点
13		科创中心	评价点
14		四水厂	评价点
15	蚌埠市	工人疗养院	评价点
16		百货大楼	评价点
17		二水厂	评价点
18		蚌埠学院	评价点
19		淮上区政府	评价点
20		高新区	评价点
21	淮南市	焦岗湖风景区管理处	对照点
22		潘集区政府	评价点
23		师范学院	评价点

（续表）

序号	城市名称	点位名称	点位类型
24	淮南市	谢家集区政府	评价点
25		八公山区政府	评价点
26		益益乳业工业园	评价点
27	马鞍山市	市教育基地	对照点
28		湖东路四小	评价点
29		天平服装	评价点
30		慈湖二小	评价点
31		马钢动力厂	评价点
32	淮北市	监测站	评价点
33		烈山区政府	评价点
34		职业技术学院	评价点
35	铜陵市	市第四中学	评价点
36		市公路局	评价点
37		市新民污水厂	评价点
38		市第九中学	评价点
39		十一中学	评价点
40		市委党校	评价点
41	安庆市	安庆大学	对照点
42		联富花园	评价点
43		马山宾馆	评价点
44		环科院	评价点
45	黄山市	延安路89号	评价点
46		黄山东路89号	评价点
47		黄山区政府5号楼	评价点
48	滁州市	老年大学	评价点
49		人大宾馆	评价点
50		监测站	评价点
51	阜阳市	市监测站	评价点
52		开发区	评价点
53		阜阳职业技术学院	评价点
54	宿州市	火车站	评价点
55		监测楼	评价点
56		一中	评价点

（续表）

序号	城市名称	点位名称	点位类型
57	六安市	监测大楼	评价点
58		皖西学院	评价点
59		朝阳厂	评价点
60		开发区	评价点
61	亳州市	污水处理厂	评价点
62		三国揽胜宫	评价点
63	池州市	平天湖	对照点
64		池州学院	评价点
65		环保大楼	评价点
66	宣城市	鳌峰子站	评价点
67		敬亭山子站	评价点
68		开发区子站	评价点

表 2 安徽省城市降水点位监测基本信息

序号	城市名称	点位名称	点位类型
1	合肥市	印染厂	城区
2		湖滨水站	郊区
3		市监测站	城区
4	芜湖市	芜湖市气象台	城区
5		南陵籍山大队	远郊
6		芜湖市监测站	城区
7	蚌埠市	蚌埠学院	城区
8		第一实验小学	城区
9		蚌埠市环保局	城区
10	淮南市	毛集实验区	远郊
11		市监测站	城区
12	马鞍山市	市监测站	城区
13		濮塘	城区
14		采石	城区
15	淮北市	梧桐村北	远郊
16		市监测站	城区

（续表）

序号	城市名称	点位名称	点位类型
17	铜陵市	郊区政府	郊区
18		天目湖	远郊
19		公路局	城区
20	安庆市	监测站	城区
21		四七七厂	城区
22		安庆大学	远郊
23	黄山市	延安路 89 号	城区
24		凤湖烟柳	远郊
25		黄山东路 89 号	城区
26	滁州市	环境监测站	城区
27		银山棉浆	郊区
28	阜阳市	西湖	郊区
29		监测站	城区
30	宿州市	监测站	城区
31		符离闸	远郊
32	六安市	响洪甸	郊区
33		监测楼	城区
34	亳州市	市监测站	城区
35		古井自动站	远郊
36	池州市	平天湖	城区
37		环保大楼	城区
38		碧山	城区
39	宣城市	鳌峰社区	城区
40		高桥村	远郊

表 3 安徽省城市地表水集中式饮用水水源地设置表

序号	城市	水源地名称	点位名称	所属水系	水源地性质
1	合肥市	董铺水库	水库上游	长江	湖库
			大坝前	长江	湖库
2		大房郢水库	水库上游	长江	湖库
			大坝前	长江	湖库

（续表）

序号	城市	水源地名称	点位名称	所属水系	水源地性质
3	蚌埠市	淮干蚌埠闸上水源	蚌埠闸上	淮河	河流
4	阜阳市	阜阳二水厂水源	茨淮新河	淮河	河流
5	淮南市	淮南三水厂水源	三水厂	淮河	河流
6		平山头水厂水源	东淝河	淮河	河流
7		李咀孜水厂水源	李咀孜水厂	淮河	河流
8	滁州市	城西水库一水厂水源	滁州一水厂	长江	湖库
			滁州一水厂上 50 米	长江	湖库
9		城西水库二水厂水源	滁州二水厂	长江	湖库
			滁州二水厂上 50 米	长江	湖库
10	六安市	淠河总干渠二水厂水源	解放南路桥	淮河	河流
11		东城水厂水源	水厂取水口	淮河	河流
12	芜湖市	芜湖一水厂水源	弋矶山	长江	河流
13		芜湖二水厂水源	四褐山	长江	河流
14		芜湖四水厂水源	桂花桥	长江	河流
15	马鞍山市	采石水厂水源	采石水厂	长江	河流
16		慈湖水厂水源	慈湖水厂	长江	河流
17	宣城市	水阳江玉山水源	玉山取水口上	长江	河流
18	铜陵市	铜陵市水厂水源	市水厂	长江	河流
19		铜陵市三水厂水源	三水厂	长江	河流
20	池州市	池州二水厂水源	二水厂	长江	河流
21	安庆市	安庆三水厂水源	三水厂	长江	河流
22	黄山市	屯溪一水厂水源	一水厂	新安江	河流
23		屯溪二水厂水源	二水厂	新安江	河流
24	巢湖市	巢湖一水厂水源	船厂	长江	湖库
25		巢湖二水厂水源	坝口	长江	湖库
26	明光市	南沙河水源	取水口	淮河	河流
27	宁国市	西津河水源	三水厂	长江	河流
28		东津河水源	二水厂	长江	河流
29	桐城市	镜主庙水库	取水口	长江	湖库
30		牯牛背水库	取水口	长江	湖库
31	天长市	高邮湖	取水口	长江	湖库

表 4　安徽省城市地下水集中式饮用水水源地设置表

序号	城市	水源地名称	水源地性质
1	淮北市	淮北财校水源	地下水
2		自来水公司水源	地下水
3		市政工程处水源	地下水
4		淮北一中水源	地下水
5		淮北自来水厂水源	地下水
6		九一零厂水源	地下水
7	亳州市	亳州涡北水厂水源	地下水
8		亳州三水厂水源	地下水
9	宿州市	宿州一水厂水源	地下水
10		宿州新水厂水源	地下水
11	阜阳市	阜阳自来水公司水源	地下水
12		阜阳市政府加压站水源	地下水
13		颍南加压站水源	地下水
14	界首市	界首自来水公司水源	地下水

表 5　安徽省地表水国、省控断面（点位）设置表

序号	所在河流	断面名称	城市	所在县（区）
1	长江	香口*	池州市	东至县
2	长江	香隅	池州市	东至县
3	长江	池州水厂	池州市	贵池区
4	长江	五步沟*	池州市	贵池区
5	长江	皖河口*	安庆市	大观区
6	长江	安庆三水厂	安庆市	迎江区
7	长江	石化总排	安庆市	迎江区
8	长江	前江口*	安庆市	迎江区
9	长江	铜陵三水厂	铜陵市	铜官山区
10	长江	铜陵市水厂	铜陵市	铜官山区
11	长江	观兴	铜陵市	铜陵县
12	长江	陈家墩	铜陵市	铜陵县
13	长江	桂花桥	芜湖市	弋江区
14	长江	弋矶山	芜湖市	镜湖区

（续表）

序号	所在河流	断面名称	城市	所在县（区）
15	长江	四褐山	芜湖市	鸠江区
16	长江	东西梁山*	芜湖市	鸠江区
17	长江	采石水厂	马鞍山市	雨山区
18	长江	慈湖水厂	马鞍山市	雨山区
19	长江	江宁三兴村*	马鞍山市	江宁县
20	长江	乌江	马鞍山市	和县
21	得胜河	得胜河入江口	马鞍山市	和县
22	滁河	古河	滁州市	全椒县
23	滁河	汊河*	滁州市	来安县
24	清流河	盈福桥	滁州市	南谯区
25	清流河	乌衣下	滁州市	南谯区
26	来河	水口	滁州市	来安县
27	襄河	化肥厂下	滁州市	全椒县
28	采石河	采石河上游	马鞍山市	雨山区
29	采石河	采石河下游	马鞍山市	雨山区
30	雨山河	雨山河下游	马鞍山市	雨山区
31	慈湖河	慈湖河下游	马鞍山市	花山区
32	姑溪河	当涂水厂	马鞍山市	当涂县
33	姑溪河	姑溪河大桥	马鞍山市	当涂县
34	青山河	当涂查湾	马鞍山市	当涂县
35	漳河	澛港桥	芜湖市	弋江区
36	黄浒河	荻港	芜湖市	繁昌县
37	青弋江	百园新村	宣城市	泾县
38	青弋江	城关上游	宣城市	泾县
39	青弋江	泾南交界	宣城市	泾县
40	青弋江	宝塔根*	芜湖市	镜湖区
41	青弋江	海南渡	芜湖市	镜湖区
42	水阳江	汪溪	宣城市	宁国市
43	水阳江	玉山取水口上游	宣城市	宣州区
44	水阳江	管家渡*	宣城市	宣州区
45	西津河	西津河大桥*	宣城市	宁国市

序号	所在河流	断面名称	城市	所在县（区）
46	东津河	坞村	宣城市	宁国市
47	梅溧河	殷桥	宣城市	郎溪县
48	泗安河	三里桥	宣城市	广德县
49	无量溪河	狮子口	宣城市	广德县
50	桐汭河	杨柑坝	宣城市	广德县
51	顺安河	顺安河入江口	铜陵市	铜陵县
52	秋浦河	石台县水厂	池州市	石台县
53	秋浦河	双丰	池州市	贵池区
54	秋浦河	入江口*	池州市	贵池区
55	白洋河	赵圩	池州市	贵池区
56	九华河	梅垅	池州市	贵池区
57	青通河	河口*	池州市	青阳县
58	黄湓河	张溪*	池州市	东至县
59	尧渡河	东流	池州市	东至县
60	皖河	皖河大桥	安庆市	怀宁县
61	长河	枞阳大闸	安庆市	枞阳县
62	华阳河	华阳河入江口	安庆市	望江县
63	鹭鸶河	和平桥	安庆市	岳西县
64	潜水	水厂取水口	安庆市	潜山县
65	皖水	车轴寺大桥	安庆市	潜山县
66	凉亭河	入湖口	安庆市	宿松县
67	二郎河	入湖口	安庆市	宿松县
68	阊江	倒湖	黄山市	祁门县
69	清溪河	东坑口	黄山市	黄山区
70	陵阳河	琉璃岭	黄山市	黄山区
71	淮河	王家坝*	阜阳市	阜南县
72	淮河	鲁台孜*	淮南市	凤台县
73	淮河	凤台渡口	淮南市	凤台县
74	淮河	李咀孜水厂	淮南市	八公山区
75	淮河	石头埠*	淮南市	谢家集区
76	淮河	新城口	淮南市	大通区

序号	所在河流	断面名称	城市	所在县（区）
77	淮河	马城	蚌埠市	怀远县
78	淮河	蚌埠闸上 *	蚌埠市	禹会区
79	淮河	新铁桥下	蚌埠市	龙子湖区
80	淮河	沫河口 *	蚌埠市	五河县
81	淮河	黄盆窑	蚌埠市	五河县
82	淮河	小柳巷 *	滁州市	明光市
83	沱河	小王桥 *	淮北市	濉溪县
84	沱河	后常桥	淮北市	濉溪县
85	沱河	芦岭桥	宿州市	埇桥区
86	沱河	关咀 *	蚌埠市	五河县
87	浍河	临涣集 *	淮北市	濉溪县
88	浍河	东坪集	宿州市	埇桥区
89	浍河	湖沟	蚌埠市	固镇县
90	浍河	蚌埠固镇 *	蚌埠市	固镇县
91	王引河	任圩孜桥	淮北市	濉溪县
92	濉河	李大桥闸	淮北市	濉溪县
93	濉河	方店闸	宿州市	埇桥区
94	龙河	浮绥	淮北市	杜集区
95	濉河	后黄里	淮北市	相山区
96	濉河	符离闸	宿州市	埇桥区
97	新濉河	尹集	宿州市	灵璧县
98	新濉河	泗县八里桥	宿州市	泗县
99	涡河	亳州 *	亳州市	谯城区
100	涡河	涡阳义门大桥	亳州市	涡阳县
101	涡河	岳坊大桥 *	亳州市	蒙城县
102	涡河	龙亢 *	蚌埠市	怀远县
103	惠济河	刘寨村后 *	亳州市	谯城区
104	西淝河	利辛段	亳州市	利辛县
105	西淝河	西淝河闸下 *	淮南市	凤台县
106	小洪河	古井	亳州市	谯城区
107	包河	颜集 *	亳州市	谯城区

（续表）

序号	所在河流	断面名称	城市	所在县（区）
108	武家河	五马	亳州市	谯城区
109	赵王河	十河	亳州市	谯城区
110	油河	双沟	亳州市	谯城区
111	奎河	杨庄	宿州市	埇桥区
112	奎河	时村北大桥	宿州市	埇桥区
113	新汴河	七里井	宿州市	埇桥区
114	新汴河	刘闸	宿州市	埇桥区
115	新汴河	泗县公路桥	宿州市	泗县
116	运料河	下楼公路桥	宿州市	灵璧县
117	灌沟河	房上	宿州市	埇桥区
118	郎溪河	伊桥	宿州市	埇桥区
119	闫河	林庄	宿州市	埇桥区
120	怀洪新河	五河*	蚌埠市	五河县
121	颍河	界首七渡口*	阜阳市	界首市
122	颍河	太和段上游	阜阳市	太和县
123	颍河	阜阳段上游	阜阳市	颍泉区
124	颍河	阜阳段下*	阜阳市	颍州区
125	颍河	颍上段上游	阜阳市	颍上县
126	颍河	杨湖*	阜阳市	颍上县
127	黑茨河	张大桥*	阜阳市	太和县
128	泉河	许庄*	阜阳市	临泉县
129	泉河	临泉段下游	阜阳市	临泉县
130	泉河	阜阳段下游	阜阳市	颍泉区
131	济河	张杨渡口	阜阳市	颍上县
132	洪河	陶老	阜阳市	临泉县
133	谷河	阜南	阜阳市	阜南县
134	茨淮新河	二水厂取水口	阜阳市	颍东区
135	东淝河	平山头水厂	淮南市	谢家集区
136	东淝河	五里闸*	六安市	寿县
137	池河	公路桥*	滁州市	明光市
138	南沙河	南沙河	滁州市	明光市

（续表）

序号	所在河流	断面名称	城市	所在县（区）
139	白塔河	天长化工厂*	滁州市	天长市
140	濠河	太平桥	滁州市	凤阳县
141	淠河总干渠	横排头	六安市	裕安区
142	淠河总干渠	罗管闸	六安市	金安区
143	淠河总干渠	解放南路桥	六安市	金安区
144	淠河	窑岗嘴	六安市	裕安区
145	淠河	新安渡口	六安市	裕安区
146	淠河	大店岗*	六安市	寿县
147	东淠河	陶洪集	六安市	霍山县
148	淠东干渠	北二十铺	六安市	金安区
149	淠东干渠	众兴大桥	六安市	寿县
150	沣河	沣河桥	六安市	霍邱县
151	沣河	工农兵大桥*	六安市	霍邱县
152	史河	红石嘴	六安市	金寨县
153	史河	叶集大桥	六安市	叶集试验区
154	史河	梅山水库出水口	六安市	金寨县
155	西淠河	响洪甸水库出水口	六安市	金寨县
156	漫水河	白莲崖水库出水口	六安市	霍山县
157	汲河	东湖闸	六安市	霍邱县
158	黄尾河	彩虹瀑布	安庆市	岳西县
159	南淝河	西新庄	合肥市	蜀山区
160	南淝河	板桥码头	合肥市	包河区
161	南淝河	施口*	合肥市	包河区
162	丰乐河	三河镇大桥*	合肥市	肥西县
163	杭埠河	河口大桥	六安市	舒城县
164	杭埠河	三河镇新大桥*	合肥市	肥西县
165	杭埠河	北闸渡口*	合肥市	庐江县
166	店埠河	河内1500米	合肥市	肥东县
167	兆河	庐江缺口	合肥市	庐江县
168	兆河	入湖口渡口*	合肥市	庐江县
169	柘皋河	青台山大桥	合肥市	巢湖市

（续表）

序号	所在河流	断面名称	城市	所在县（区）
170	柘皋河	柘皋大桥*	合肥市	巢湖市
171	裕溪河	三胜大队渡口*	合肥市	巢湖市
172	裕溪河	运漕镇	马鞍山市	含山县
173	裕溪河	裕溪口*	芜湖市	鸠江区
174	十五里河	希望桥*	合肥市	包河区
175	派河	肥西化肥厂下*	合肥市	肥西县
176	白石天河	石堆渡口*	合肥市	庐江县
177	双桥河	双桥河入湖口	合肥市	巢湖市
178	新安江	黄口	黄山市	屯溪区
179	新安江	篁墩*	黄山市	屯溪区
180	新安江	坑口	黄山市	歙县
181	新安江	街口	黄山市	歙县
182	扬之河	新管	黄山市	歙县
183	率水	率水大桥*	黄山市	屯溪区
184	横江	横江大桥*	黄山市	屯溪区
185	练江	浦口*	黄山市	歙县
186	巢湖	湖滨*	合肥市	
187	巢湖	新河入湖区*	合肥市	
188	巢湖	西半湖湖心*	合肥市	
189	巢湖	巢湖坝口	合肥市	
190	巢湖	巢湖船厂*	合肥市	
191	巢湖	黄麓*	合肥市	
192	巢湖	东半湖湖心*	合肥市	
193	巢湖	忠庙*	合肥市	
194	巢湖	兆河入湖区*	合肥市	
195	董铺水库	董铺上游	合肥市	蜀山区
196	董铺水库	靠近大坝*	合肥市	蜀山区
197	大房郢水库	水库上游	合肥市	庐阳区
198	大房郢水库	大坝前	合肥市	庐阳区
199	磨子潭水库	两河口	六安市	霍山县
200	磨子潭水库	太阳河	六安市	霍山县

（续表）

序号	所在河流	断面名称	城市	所在县（区）
201	磨子潭水库	梳妆台	六安市	霍山县
202	磨子潭水库	大坝前	六安市	霍山县
203	佛子岭水库	扫帚河	六安市	霍山县
204	佛子岭水库	徐家冲	六安市	霍山县
205	佛子岭水库	两河口	六安市	霍山县
206	佛子岭水库	石坝壁	六安市	霍山县
207	佛子岭水库	坝前	六安市	霍山县
208	梅山水库	青锋岭	六安市	金寨县
209	梅山水库	鸡冠石	六安市	金寨县
210	梅山水库	老母猪石	六安市	金寨县
211	梅山水库	大坝前	六安市	金寨县
212	响洪甸水库	文昌宫	六安市	金寨县
213	响洪甸水库	刘家老坟	六安市	金寨县
214	响洪甸水库	旋网山	六安市	金寨县
215	响洪甸水库	妈妈岩	六安市	金寨县
216	响洪甸水库	大坝前	六安市	金寨县
217	龙河口水库	中毛弯	六安市	舒城县
218	龙河口水库	狮子口	六安市	舒城县
219	龙河口水库	乌沙	六安市	舒城县
220	龙河口水库	牛角冲	六安市	舒城县
221	龙河口水库	溢洪道	六安市	舒城县
222	龙河口水库	梅岭	六安市	舒城县
223	瓦埠湖	瓦埠湖*	淮南市	谢家集区
224	高塘湖	高塘湖	淮南市	大通区
225	城西水库	一水厂	滁州站	琅琊区
226	城西水库	二水厂	滁州站	琅琊区
227	女山湖	船闸	滁州站	明光市
228	高邮湖	取水口*	滁州站	天长市
229	凤阳山水库	凤阳县城取水口	滁州站	凤阳县
230	沙河水库	坝下	滁州站	南谯区
231	南漪湖	西湖湖心*	宣城市	宣州区

（续表）

序号	所在河流	断面名称	城市	所在县（区）
232	南漪湖	东湖湖心*	宣城市	宣州区
233	港口湾水库	水库中心	宣城市	宁国市
234	石臼湖	石臼湖	马鞍山市	当涂县
235	武昌湖	武昌湖*	安庆市	望江县
236	菜子湖	菜子湖*	安庆市	桐城市
237	龙感湖	龙感湖*	安庆市	宿松县
238	黄湖	黄湖	安庆市	宿松县
239	牯牛背水库	桐城水厂取水口	安庆市	桐城市
240	花亭湖	花亭湖坝前	安庆市	太湖县
241	升金湖	中心点*	池州市	东至县
242	升金湖	黄溢河入湖区	池州市	东至县
243	太平湖	湖心*	黄山市	黄山区
244	太平湖	高压线下	黄山市	黄山区
245	太平湖	大桥下	黄山市	黄山区
246	丰乐湖	湖心	黄山市	徽州区
247	奇墅湖	湖心	黄山市	黟县

注：＊为国控断面（点位）。

表6　安徽省城市区域声环境监测基本情况

城市名称	网格个数	建成区面积（km²）	网格大小（m）
合　肥	369	369	1000
淮　北	173	43.25	500
亳　州	106	38.16	600
宿　州	110	46.475	650
蚌　埠	110	70.4	800
阜　阳	115	64.6875	750
淮　南	101	101	1000
滁　州	115	28.75	500
六　安	160	40	500
马鞍山	121	77.44	800
芜　湖	148	148	1000
宣　城	100	25	500

（续表）

城市名称	网格个数	建成区面积（km²）	网格大小（m）
铜 陵	160	10	250
池 州	105	67.2	800
安 庆	109	69.76	800
黄 山	142	35.5	500

表 7 安徽省城市道路交通声环境监测基本情况

城市名称	监测路段总长（km）	有效路段数（条）
合 肥	591.699	80
淮 北	96.78	54
亳 州	57.38	21
宿 州	50.11	68
蚌 埠	116.075	64
阜 阳	29.431	26
淮 南	56.025	51
滁 州	65.950	67
六 安	68.25	55
马鞍山	98.53	52
芜 湖	404.794	51
宣 城	67.255	57
铜 陵	37.380	28
池 州	28.850	28
安 庆	51.545	66
黄 山	62.500	26

表 8 安徽省功能区声环境监测基本情况

城市名称	监测点个数	覆盖功能区类型
合 肥	15	1、2、3、4
淮 北	10	1、2、3、4
亳 州	8	2、3
宿 州	7	1、2、3
蚌 埠	10	1、2、3、4
阜 阳	7	1、2、3、4

（续表）

城市名称	监测点个数	覆盖功能区类型
淮　南	10	0、1、2、3、4
滁　州	7	0、1、2、3、4
六　安	10	1、2、3、4
马鞍山	10	1、2、3、4
芜　湖	10	1、2、3、4
宣　城	7	1、2、3、4
铜　陵	7	1、2、3、4
池　州	7	1、2、3
安　庆	10	1、2、3、4
黄　山	7	1、2、3、4

图书在版编目（CIP）数据

安徽省环境质量报告书：2011—2015/孙立剑主编 . —合肥：合肥工业大学出版社，2016.12

ISBN 978 - 7 - 5650 - 3198 - 4

Ⅰ.①安… Ⅱ.①孙… Ⅲ.①环境质量—研究报告—安徽—2011 - 2015 Ⅳ.①X821.254.09

中国版本图书馆 CIP 数据核字（2016）第 326335 号

安徽省环境质量报告书：2011—2015

孙立剑 主编

责任编辑	张择瑞
出版发行	合肥工业大学出版社
地 址	（230009）合肥市屯溪路 193 号
网 址	www.hfutpress.com.cn
电 话	理工编辑部：0551－62903204
	市场营销部：0551－62903198
开 本	787 毫米×1092 毫米 1/16
印 张	15.75
字 数	380 千字
版 次	2016 年 12 月第 1 版
印 次	2017 年 1 月第 1 次印刷
印 刷	安徽联众印刷有限公司
书 号	ISBN 978 - 7 - 5650 - 3198 - 4
定 价	78.00 元

如果有影响阅读的印装质量问题，请与出版社市场营销部联系调换。